边做边学——CorelDRAW X4图形设计案例教程

4.2-制作巴厘岛旅游攻略

4.2.5-制作女性养生堂书籍封面

5.1-制作旅游杂志封面

5.1.5-制作时尚杂志封面

5.2-制作美食栏目

5.2.5-制作杂志内文

6.1-制作数码摄像机
促销宣传单

6.1.5-制作MP4促销宣传单

6.2-制作食品促销宣传单

7.1.5-制作MP3宣传海报

中等职业教育数字艺术类规划教材

7.2-制作比萨海报

7.3-制作数码相机宣传海报

7.4-制作手机海报

8.1-制作面包广告

9.2.5-制作牛奶包装

9.3-制作包装盒

9.4-制作婴儿奶粉包装

9.2-制作洗发水包装

中等职业教育数字艺术类规划教材

边做边学

CorelDRAW X4

图形设计

案例教程

■ 周建国 编著

人民邮电出版社

北　京

图书在版编目（ＣＩＰ）数据

CorelDRAW X4图形设计案例教程 / 周建国编著. --
北京：人民邮电出版社，2013.5
（边做边学）
中等职业教育数字艺术类规划教材
ISBN 978-7-115-31416-1

Ⅰ. ①C… Ⅱ. ①周… Ⅲ. ①图形软件－中等专业学
校－教材 Ⅳ. ①TP391.41

中国版本图书馆CIP数据核字(2013)第071906号

内 容 提 要

本书全面系统地介绍了 CorelDRAW X4 的基本操作方法和图形图像处理技巧，并对其在平面设计领域的应用进行了深入的介绍，包括初识 CorelDRAW X4、实物绘制、插画设计、书籍装帧设计、杂志设计、宣传单设计、海报设计、广告设计、包装设计等内容。

本书内容的介绍均以课堂实训案例为主线，通过案例的操作，学生可以快速熟悉案例设计理念。书中的软件相关功能解析部分使学生能够深入学习软件功能；课堂实战演练和课后综合演练，可以拓展学生的实际应用能力。本书配套光盘中包含了书中所有案例的素材及效果文件，以利于教师授课，学生练习。

本书可作为中等职业学校数字艺术类专业"平面设计"课程的教材，也可供相关人员学习参考。

♦ 编　著　周建国
责任编辑　王　平

♦ 人民邮电出版社出版发行　北京市丰台区成寿寺路 11 号
邮编　100164　电子邮件　315@ptpress.com.cn
网址　http://www.ptpress.com.cn
北京九州迅驰传媒文化有限公司印刷

♦ 开本：787×1092　1/16　彩插：1
印张：13.75　2013 年 5 月第 1 版
字数：329 千字　2025 年 1 月北京第 19 次印刷

ISBN 978-7-115-31416-1

定价：38.00 元（附光盘）

读者服务热线：(010)81055256　印装质量热线：(010)81055316
反盗版热线：(010)81055315
广告经营许可证：京东市监广登字 20170147 号

前 言

CorelDRAW 是由 Corel 公司开发的矢量图形处理和编辑软件，它功能强大、易学易用，深受图形图像处理爱好者和平面设计人员的喜爱，已经成为这一领域最流行的软件之一。目前，我国很多中等职业学校的数字艺术类专业，都将 CorelDRAW 作为一门重要的专业课程。为了帮助中等职业学校的教师全面、系统地讲授这门课程，使学生能够熟练地使用 CorelDRAW 来进行设计创意，我们几位长期在中等职业学校从事 CorelDRAW 教学的教师与专业平面设计公司经验丰富的设计师合作，共同编写了本书。

根据现代中等职业学校的教学方向和教学特色，我们对本书的编写体系做了精心的设计。全书根据 CorelDRAW 在设计领域的应用方向来布置分章，每章按照"课堂实训案例－软件相关功能－课堂实战演练－课后综合演练"这一思路进行编排，力求通过课堂实训案例，使学生快速熟悉艺术设计理念和软件功能，通过软件相关功能解析，使学生深入学习软件功能和制作特色，通过课堂实战演练和课后综合演练，提高学生的实际应用能力。

在内容编写方面，我们力求细致全面、重点突出；在文字叙述方面，我们注意言简意赅、通俗易懂；在案例选取方面，我们强调案例的针对性和实用性。

本书配套光盘中包含了书中所有案例的素材及效果文件。另外，为方便教师教学，本书还配备了详尽的课堂实战演练和课后综合演练的操作步骤文稿、PPT 课件、教学大纲、商业实训案例文件等丰富的教学资源，任课教师可登录人民邮电出版社教学服务与资源网（www.ptpedu.com.cn）免费下载使用。本书的参考学时为 50 学时，各章的参考学时参见下面的学时分配表。

章 节	课 程 内 容	讲 授 课 时
第 1 章	初识 CorelDRAW X4	3
第 2 章	实物绘制	6
第 3 章	插画设计	7
第 4 章	书籍装帧设计	4
第 5 章	杂志设计	6
第 6 章	宣传单设计	6
第 7 章	海报设计	6
第 8 章	广告设计	6
第 9 章	包装设计	6
课 时 总 计		50

本书由周建国编著，由于编者水平有限，书中难免存在疏漏和不妥之处，敬请广大读者批评指正。

编 者

2013 年 2 月

目　　录

第5章 杂志设计

第6章 宣传单设计

第1章 初识 CorelDRAW X4

CorelDRAW 是目前最流行的矢量图形设计软件之一，它是由全球知名的专业化图形设计与桌面出版软件开发商——加拿大的 Corel 公司于 1989 年推出的。本章通过对案例的讲解，使读者对 CorelDRAW X4 有初步的认识和了解，并掌握该软件的基础知识和基本操作方法，为以后的学习打下一个坚实的基础。

课堂学习目标

- 掌握工作界面的基本操作
- 掌握设置文件的基本方法
- 掌握图像的基本操作方法

1.1 界面操作

1.1.1 【操作目的】

通过打开文件命令熟悉菜单栏的操作；通过选取图像、移动图像和缩放图像掌握工具箱中工具的使用方法。

1.1.2 【操作步骤】

步骤 1 打开 CorelDRAW X4 软件，选择"文件 > 打开"命令，弹出"打开"对话框。选择光盘中的"Ch01 > 效果 > 01"文件，如图 1-1 所示。单击"打开"按钮，打开文件，如图 1-2 所示，显示 CorelDRAW X4 的软件界面。

步骤 2 选择左侧的工具箱中的"挑选"工具 ，单击选取页面中的人物图像，如图 1-3 所示。拖曳图像到页面中的左上角，移动人物图像，如图 1-4 所示。

步骤 3 将鼠标放置在人物图像对角线的控制手柄上，拖曳对角线上的控制手柄，等比例缩放人物图像，如图 1-5 所示。

步骤 4 选择"文件 > 另存为"命令，弹出"另存为"对话框，设置保存文件的名称、路径和类型，单击"保存"按钮，保存文件。

图 1-1

图 1-2

图 1-3

图 1-4

图 1-5

1.1.3 【相关工具】

1. 菜单栏

CorelDRAW X4 中文版的菜单栏包含文件、编辑、视图、版面、排列、效果、位图、文本、表格、工具、窗口、帮助等几个大类，如图 1-6 所示。单击每一类的按钮都将弹出其下拉菜单，如单击"编辑"按钮，系统将弹出如图 1-7 所示的下拉式菜单。

图 1-6

图 1-7

最左边为图标,它和工具栏中具有相同功能的图标一致,以便于用户记忆和使用。

最右边显示的组合键则为操作快捷键,便于用户提高工作效率。

某些命令后带有 ▶ 标志的,表明该命令还有下一级菜单,将光标停放其上即可弹出下拉菜单。

某些命令后带有 … 标志的,表明单击该命令可弹出对话框,允许用户进一步对其进行设置。

此外,"编辑"下拉菜单中的有些命令呈灰色状,表明该命令当前还不可使用,需要进行一些相关的操作后方可使用。

2. 工具栏

在菜单栏的下方通常是工具栏,但实际上,它摆放的位置可由用户决定。不止是工具栏如此,在 CorelDRAW X4 中文版中,只要在各栏前端出现 控制柄的,均可按照用户自己的习惯进行拖曳摆放。

CorelDRAW X4 中文版的"标准"工具栏如图 1-8 所示。

图 1-8

这里存放了几种常用的命令按钮,如"新建"、"打开"、"保存"、"打印"、"剪切"、"复制"、"粘贴"、"撤销"、"重做"、"导入"、"导出"、"应用程序启动器"、"欢迎屏幕"、"缩放级别"、"贴齐"、"选项"等。它们可以使用户便捷地完成以上这些基本的操作动作。

此外,CorelDRAW X4 中文版还提供了其他一些工具栏,用户可以在"选项"对话框中,选择它们。选择"工具 > 选项"命令,弹出如图 1-9 所示的对话框,选取所要显示的工具栏,单击"确定"按钮即可显示。如图 1-10 所示为选择"文本"后显示的工具栏。

图 1-9

图 1-10

在菜单栏空白处单击鼠标右键,在弹出的下拉菜单中选择"变换"命令,可显示"变换"工具栏,如图 1-11 所示。选择"窗口 > 工具栏 > 变换"命令,也可显示"变换"工具栏。

图 1-11

3. 工具箱

CorelDRAW X4 中文版的工具箱中放置着在绘制图形时的常用工具，这些工具是每一个软件使用者必须掌握的。CorelDRAW X4 中文版的工具箱如图 1-12 所示。

在工具箱中，依次分类排放着"挑选"工具、"形状"工具、"裁剪"工具、"缩放"工具、"手绘"工具、"智能填充"工具、"矩形"工具、"椭圆形"工具、"多边形"工具、"基本形状"工具、"文本"工具、"表格"工具、"交互式调和"工具、"滴管"工具、"轮廓"工具、"填充"工具、"交互式填充"工具等几大类工具。

其中，有些带有小三角标记 ◢ 的工具按钮，表明其还有展开的工具栏，将光标停放其上即可展开。例如，光标停放在"填充"工具 ◈ 上，将展开工具栏 ▇ ▇ ▇ ▨ ▨ ✕ ▤ 。此外，也可将其拖曳出来，变成固定工具栏，如图 1-13 所示。

图 1-12

图 1-13

4. 泊坞窗

CorelDRAW X4 中文版的泊坞窗，是一个十分有特色的窗口。当打开这一窗口时，它会停靠在绘图窗口的边缘，因此被称为"泊坞窗"。选择"窗口 > 泊坞窗 > 属性"命令，弹出如图 1-14 所示的"对象属性"泊坞窗。

还可将泊坞窗拖曳出来，放在任意的位置，并可通过单击窗口右上角的按钮 ▲ 和 ▼ 将窗口卷起或放下，如图 1-15 所示。因此，它又被称为"卷帘工具"。

图 1-14

图 1-15

其实，除了名称有些特别之外，泊坞窗更大的特色是其提供给用户的便捷的操作方式。通常情况下，每个应用软件都会给用户提供许多用于设置参数、调节功能的对话框。用户在使用时，必须先打开它们，然后进行设置，再关闭它们。而一旦需要重新设置，则又要再次重复上述动作，十分不便。CorelDRAW X4 中文版的泊坞窗彻底解决了这一问题，它通过这些交互式对话框，使用户无须重复打开、关闭对话框就可查看到所做的改动，极大地方便了广大的用户。

　　CorelDRAW X4 泊坞窗的列表，位于"窗口 > 泊坞窗"子菜单中。可以选择"泊坞窗"下的各个命令，来打开相应的泊坞窗。用户可以打开一个或多个泊坞窗，当几个泊坞窗都打开时，除了活动的泊坞窗之外，其余的泊坞窗将沿着泊坞窗的边缘以标签形式显示，效果如图 1-16 所示。

图 1-16

1.2 文件设置

1.2.1 【操作目的】

　　通过打开文件熟练掌握"打开"命令；通过复制图像到新建的文件中熟练掌握"新建"命令；通过关闭新建的文件熟练掌握"保存"和"关闭"命令。

1.2.2 【操作步骤】

步骤 1 打开 CorelDRAW X4 软件，选择"文件 > 打开"命令，弹出"打开"对话框，如图 1-17 所示。选择光盘中的"Ch01 > 素材 > 04"文件，单击"打开"按钮打开文件，如图 1-18 所示。

图 1-17

图 1-18

步骤 2 按 Ctrl+A 组合键全选图形，如图 1-19 所示。按 Ctrl+C 组合键复制图形。选择"文件 > 新建"命令，新建一个页面，如图 1-20 所示。

中等职业教育数字艺术类规划教材

图 1-19   图 1-20

步骤 3 按 Ctrl+V 组合键，粘贴图形到新建的页面中，并拖曳到适当的位置，如图 1-21 所示。单击绘图窗口右上角的按钮 × ，弹出提示对话框，如图 1-22 所示，单击"是"按钮，弹出"保存图形"对话框，选项的设置如图 1-23 所示，单击"保存"按钮，保存文件。

图 1-21   图 1-22

图 1-23

步骤 4 再次单击绘图窗口右上角的按钮 × ，关闭打开的"04"文件。单击标题栏右侧的"关闭"按钮 × ，可关闭软件。

1.2.3 【相关工具】

1. 新建和打开文件

新建或打开一个文件是使用 CorelDRAW X4 进行设计时的第一步。下面介绍新建和打开文件的各种方法。

使用 CorelDRAW X4 启动时的欢迎窗口新建和打开文件。启动时的欢迎窗口如图 1-24 所示。单击"新建图形"图标，可以建立一个新的文档；单击"打开上次编辑的图形"图标，可以打开前一次编辑过的图形文件；单击"打开图形"图标，弹出如图 1-25 所示的"打开图形"对话框，可以从中选择要打开的图形文件。

图 1-24

图 1-25

使用菜单命令和快捷键新建和打开文件。选择"文件 > 新建"命令，或按 Ctrl+N 组合键新建文件。选择"文件 > 从模板新建"或"打开"命令，或按 Ctrl+O 组合键打开文件。

使用标准工具栏新建和打开文件。使用 CorelDRAW X4 标准工具栏中的"新建"按钮 和"打开"按钮 来新建和打开文件。

2. 保存和关闭文件

当我们完成好某一作品时，就要对其进行保存和关闭。下面介绍保存和关闭文件的各种方法。

使用菜单命令和快捷键保存文件。选择"文件 > 保存"命令，或按 Ctrl+S 组合键保存文件。选择"文件 > 另存为"命令，或按 Ctrl+Shift+S 组合键来保存或更名保存文件。

如果是第一次保存文件，弹出如图 1-26 所示的"保存图形"对话框。在对话框中，可以设置"文件名"、"保存类型"、"版本"等保存选项。

使用标准工具栏保存文件。使用 CorelDRAW X4 标准工具栏中的"保存"按钮 来保存文件。

使用菜单命令和快捷按钮关闭文件。选择"文件 > 关闭"命令，或单击绘图窗口右上方的"关闭"按钮 来关闭文件。

此时，如果文件没有保存，将弹出如图 1-27 所示的提示框，询问用户是否保存文件。如果用户单击"是"按钮，则保存文件；单击"否"按钮，则不保存文件；单击"取消"按钮，则取消保存操作。

图 1-26   图 1-27

3. 导出文件

使用"导出"命令，可以将 CorelDRAW X4 中的文件导出为各种不同的文件格式，供其他应用程序使用。

使用菜单命令和快捷键导出文件。选择"文件 > 导出"命令，或按 Ctrl+E 组合键，弹出"导出"对话框，如图 1-28 所示，在对话框中可以设置"文件名"、"保存类型"等选项。

使用标准工具栏导出文件。使用 CorelDRAW X4 标准工具栏中的"导出"按钮 可以将文件导出。

图 1-28

第2章 实物绘制

绘制效果逼真并经过艺术化处理的实物可以应用到书籍设计、杂志设计、海报设计、宣传单设计、广告设计、包装设计、网页设计等多个设计领域。本章以多个实物对象为例，讲解绘制实物的方法和技巧。

 课堂学习目标

- 掌握实物的绘制思路和过程
- 掌握实物的绘制方法和技巧

2.1 绘制卡片相机

2.1.1 【案例分析】

卡片相机具有小巧纤薄的机身和方便简捷的操作，能为人们的日常生活带来便利，已成为人们工作和生活中的必需品。本例是为某相机厂商设计制作的简易相机模型，要求简洁大方，能体现出时尚的外观和便捷的性能。

2.1.2 【设计理念】

在设计制作过程中，使用紫色的背景衬托出前面的产品，易使人产生干练雅致的感觉。中心的卡片相机图形在展示出产品的同时，给人简洁大方、时尚便捷的印象。整体设计醒目直观，让人印象深刻。（最终效果参看光盘中的"Ch02 > 效果 > 绘制卡片相机"，见图2-1。）

图2-1

2.1.3 【操作步骤】

步骤 1 按 Ctrl+N 组合键，新建一个 A4 页面。单击属性栏中的"横向"按钮 ▭，页面显示为横向页面。选择"椭圆形"工具 ◯，在页面中拖曳鼠标绘制一个椭圆形，如图2-2所示。在"CMYK 调色板"中的"蓝紫"色块上单击鼠标，填充图形，在"无填充"按钮 ☒ 上单击鼠标右键，去除图形的轮廓线，效果如图2-3所示。

图 2-2　　　　　　　　　　　图 2-3

步骤 2　选择"矩形"工具 ▢，在页面中绘制一个矩形。在属性栏中设置该矩形的"左/右边矩形的边角圆滑度"选项均为 10，在"轮廓宽度" ▢ 0.2mm ▾ 框中设置数值为 1mm，效果如图 2-4 所示。在"CMYK 调色板"中的"白"色块上单击鼠标右键，填充圆角矩形的轮廓线，效果如图 2-5 所示。

步骤 3　选择"挑选"工具 ▨，选取圆角矩形，按数字键盘上的+键复制图形。按住 Ctrl 键的同时，向中心拖曳图形右上角的控制手柄到适当的位置，等比例缩小圆角矩形，并将其拖曳到适当的位置，效果如图 2-6 所示。

图 2-4　　　　　　　　图 2-5　　　　　　　　图 2-6

步骤 4　选择"基本形状"工具 ▨，在属性栏中单击"完美形状"按钮 ▢，在弹出的下拉图形列表中选择需要的图标，如图 2-7 所示。在页面中拖曳光标绘制需要的图形，在属性栏中的"轮廓宽度" ▢ 0.2mm ▾ 框中设置数值为 1mm，效果如图 2-8 所示。在"CMYK 调色板"中的"白"色块上单击鼠标右键，填充图形的轮廓线，效果如图 2-9 所示。

图 2-7　　　　　　　　图 2-8　　　　　　　　图 2-9

步骤 5　选择"椭圆形"工具 ▢，按住 Ctrl 键的同时，绘制一个圆形，并在属性栏中的"轮廓宽度" ▢ 0.2mm ▾ 框中设置数值为 1mm，在"CMYK 调色板"中的"白"色块上单击鼠标右键，填充圆形的轮廓线，效果如图 2-10 所示。按住 Shift 键的同时，向内拖曳圆形右上角的控制手柄到适当的位置，单击鼠标右键，制作出一个较小的圆形，同心圆效果如图 2-11 所示。

步骤 6　选择"椭圆形"工具 ▢，按住 Ctrl 键的同时，在页面中适当的位置拖曳鼠标绘制其他圆形，并填充相同的颜色和轮廓宽度，效果如图 2-12 所示。

图 2-10　　　　　　　　图 2-11　　　　　　　　图 2-12

步骤 7 选择"矩形"工具 ▢，在适当的位置绘制矩形，并在属性栏中的"轮廓宽度" ⌀ 0.2 mm ▾ 框中设置数值为 1mm，在"CMYK 调色板"中的"白"色块上单击鼠标右键，填充矩形的轮廓线，效果如图 2-13 所示。

步骤 8 选择"挑选"工具 ▨，选取左下角的圆形，如图 2-14 所示。单击属性栏中的"饼形"按钮 ▣，效果如图 2-15 所示。在属性栏中的"旋转角度" ↻ 0.0 °框中设置数值为 90，按 Enter 键，效果如图 2-16 所示。卡片相机绘制完成，效果如图 2-17 所示。

图 2-13　　　　　　图 2-14　　　　图 2-15　　　　图 2-16　　　　图 2-17

2.1.4　【相关工具】

1. 矩形工具

◎ **绘制矩形**

单击工具箱中的"矩形"工具 ▢，在绘图页面中按住鼠标左键不放，拖曳鼠标到需要的位置，松开鼠标左键，绘制完成矩形，如图 2-18 所示。绘制的矩形的属性栏状态如图 2-19 所示。

按 Esc 键，取消矩形的编辑状态，矩形效果如图 2-20 所示。选择"选择"工具 ▨，在矩形上单击可以选择刚绘制好的矩形。

图 2-18　　　　　　　　　　图 2-19　　　　　　　　　图 2-20

按 F6 键快速选择"矩形"工具 ▢，在绘图页面中适当的位置绘制矩形。按住 Ctrl 键的同时，可以在绘图页面中绘制正方形。按住 Shift 键的同时，在绘图页面中会以当前点为中心绘制矩形。按住 Shift+Ctrl 组合键，在绘图页面中会以当前点为中心绘制正方形。

 提 示 双击工具箱中的"矩形"工具 ▢，可以绘制出一个和绘图页面大小一样的矩形。

◎ **绘制圆角矩形**

在绘图页面中绘制一个矩形，如图 2-21 所示。在绘制矩形的属性栏中，如果将"左/右边矩形的边角圆滑度"后的小锁图标 🔒选定，则改变"左/右边矩形的边角圆滑度"时，4 个角的边角圆滑度数值将相同。在属性栏中的"左/右边矩形的边角圆滑度"选项中进行设置，如图 2-22 所示。按 Enter 键，圆角矩形效果如图 2-23 所示。

图 2-21   图 2-22   图 2-23

如果不选定小锁图标 ，则可以单独改变一个角的圆滑度数值。在绘制矩形的属性栏中，分别在属性栏中的"左/右边矩形的边角圆滑度" 选项中进行设置，如图 2-24 所示。按 Enter 键，圆角矩形效果如图 2-25 所示，如果要将圆角矩形还原为直角矩形，可以将边角圆滑度设定为 0。

图 2-24   图 2-25

◎ **拖曳矩形的节点来绘制圆角矩形**

绘制一个矩形。选择"形状"工具 ，单击矩形左上角的节点，如图 2-26 所示。按住鼠标左键拖曳节点，可以改变边角的圆角程度，如图 2-27 所示。松开鼠标左键，效果如图 2-28 所示。按 Esc 键取消矩形的编辑状态，圆角矩形的效果如图 2-29 所示。

图 2-26   图 2-27   图 2-28   图 2-29

◎ **拖曳矩形的节点来绘制圆角矩形**

选择"3 点矩形"工具 ，在绘图页面中按住鼠标左键不放，拖曳鼠标到需要的位置，可以拖出一条任意方向的线段作为矩形的一条边，如图 2-30 所示。

松开鼠标左键，再拖曳鼠标到需要的位置，即可确定矩形的另一条边，如图 2-31 所示。单击鼠标左键，有角度的矩形绘制完成，效果如图 2-32 所示。

图 2-30　　　　　　　图 2-31　　　　　　　图 2-32

2. 椭圆工具

◎ 绘制椭圆形

单击工具箱中的"椭圆形"工具 ◯，在绘图页面中按住鼠标左键不放，拖曳鼠标到需要的位置，松开鼠标左键，椭圆形绘制完成，如图 2-33 所示。椭圆形的属性栏如图 2-34 所示。

图 2-33　　　　　　　　　　图 2-34

按 F7 键快速选择"椭圆形"工具 ◯，在绘图页面中适当的位置绘制椭圆形。按住 Ctrl 键，可以在绘图页面中绘制圆形。按住 Shift 键，在绘图页面中以当前点为中心绘制椭圆形。按住 Shift+Ctrl 组合键，在绘图页面中以当前点为中心绘制圆形。

◎ 使用"椭圆形"工具 ◯ 绘制饼形和弧形

绘制一个椭圆形，如图 2-35 所示。单击属性栏中的"饼形"按钮 ◯，椭圆属性栏如图 2-36 所示，将椭圆形转换为饼形，如图 2-37 所示。

图 2-35　　　　　　　图 2-36　　　　　　　图 2-37

单击属性栏中的"弧形"按钮 ◯，椭圆属性栏如图 2-38 所示，将椭圆形转换为弧形，如图 2-39 所示。

图 2-38　　　　　　　图 2-39

在"起始和结束角度" 框中设置饼形和弧形起始角度和终止角度，按 Enter 键，可以得到饼形和弧形角度的精确值。效果如图 2-40 所示。

图 2-40

椭圆形在选取状态下，在属性栏中，单击"饼形" 或"弧形"按钮，可以使图形在饼形和弧形之间转换。单击属性栏中的按钮，可以将饼形或弧形进行 180° 的镜像变换。

◎ 拖曳椭圆形的节点来绘制饼形和弧形

绘制一个椭圆形。选择"形状"工具，单击轮廓线上的节点，如图 2-41 所示。按住鼠标左键不放向椭圆内拖曳节点，如图 2-42 所示。松开鼠标左键，效果如图 2-43 所示。按 Esc 键，取消椭圆形的编辑状态，椭圆变成饼形的效果，如图 2-44 所示。向椭圆外拖曳轮廓线上的节点时，可将椭圆形变为弧形。

图 2-41   图 2-42   图 2-43   图 2-44

◎ 绘制任何角度的椭圆形

选择"3 点椭圆形"工具，在绘图页面中按住鼠标左键不放，拖曳光标到需要的位置，可以拖出一条任意方向的线段作为椭圆形的一个轴，如图 2-45 所示。

松开鼠标左键，再拖曳光标到需要的位置，即可确定椭圆形的形状，如图 2-46 所示。单击鼠标左键，有角度的椭圆形绘制完成，如图 2-47 所示。

图 2-45   图 2-46   图 2-47

3. 基本形状工具

◎ 绘制基本形状

选择"基本形状"工具，在属性栏中的"完美形状"按钮下选择需要的基本图形，如图 2-48 所示。在绘图页面中按住鼠标左键不放，从左上角向右下角拖曳光标到需要的位置，松开鼠标左键，基本图形绘制完成，效果如图 2-49 所示。

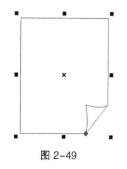

图 2-48

图 2-49

◎ 绘制其他形状

除了基本形状外，CorelDRAW X4 还提供了"箭头形状"工具 、"流程图形状"工具 、"标题形状"工具 和"标注形状"工具 ，在其相应的属性栏中的"完美形状"按钮 下可选择需要的基本图形，如图 2-50 所示，绘制的方法与绘制基本形状的方法相同。

（a）箭头形状　　　　　（b）流程图形状　　　　（c）标题形状　　　　（d）标注形状

图 2-50

◎ 调整基本形状

绘制一个基本形状，如图 2-51 所示。单击要调整的基本图形的红色菱形符号并按下鼠标左键不放，拖曳红色菱形符号，如图 2-52 所示。得到需要的形状后，松开鼠标左键，效果如图 2-53 所示。

图 2-51　　　　　　　　　图 2-52　　　　　　　　　图 2-53

提 示 在流程图形状中没有红色菱形符号，所以不能对它进行调整。

4. 标准填充

◎ 选取颜色

在 CorelDRAW X4 中提供了多种调色板，选择"窗口 > 调色板"命令，弹出可供选择的多种颜色板，如图 2-54 所示。CorelDRAW X4 的默认状态下使用 CMYK 的调色析。CorelDRAW X4 中的调色板一般在屏幕的右侧，使用"挑选"工具 选取屏幕右侧的竖条调色板，如图 2-55 所

中等职业教育数字艺术类规划教材

示，用鼠标左键拖放竖条调色板到屏幕的中间，调色板效果如图 2-56 所示。

图 2-54　　　　　图 2-55　　　　　图 2-56

还可以使用快捷菜单调整色盘的显示方式，在色盘上按住鼠标右键，在弹出的快捷菜单中选择"自定义"命令，弹出"选项"对话框，在"调色板"设置区中将最大行数设置为 3，单击"确定"按钮，调色板色盘将以新方式显示，效果如图 2-57 所示。

图 2-57

绘制一个要填充的图形对象，如图 2-58 所示。使用"挑选"工具 选取要填充的图形对象，如图 2-59 所示。

在调色板中需要的颜色上单击鼠标左键，如图 2-60 所示，图形对象的内部被选取的颜色填充，如图 2-61 所示。单击调色板中的"无填充"按钮 ，可取消对图形对象内部的颜色填充。

图 2-58　　　　　图 2-59　　　　　图 2-60　　　　　图 2-61

在调色板中需要的颜色上单击鼠标右键，如图 2-62 所示，图形对象的轮廓线被选取的颜色填充，如图 2-63 所示。用鼠标右键单击调色板中的"无填充"按钮 ⊠，可取消对图形对象轮廓线的填充。

图 2-62　　　　　　　　　　　　　　图 2-63

◎ **使用均匀填充对话框**

选择"填充"工具 ◢ 展开式工具栏中的"均匀填充对话框"工具 ▦，弹出"均匀填充"对话框，可以在对话框中设置需要的颜色。

在对话框中提供了 3 种设置颜色的方式，分别是模型、混和器和调色板。选择其中的任何一种方式都可以设置需要的颜色。

模型设置框如图 2-64 所示，在设置框中提供了完整的色谱。通过操作颜色关联控件可以更改颜色，也可以通过在颜色模式下的各参数数值框中设置数值来设定需要的颜色。在设置框中还可以选择不同的颜色模式，模型设置框默认的是 CMYK 模式，如图 2-65 所示。

图 2-64　　　　　　　　　　　　　　图 2-65

调配好需要的颜色后，单击"确定"按钮，可以将需要的颜色填充到图形对象中。

提　示　如果有经常需要使用的颜色，调配好需要的颜色后，单击对话框中的"添加到设色板"按钮可以将颜色添加到调色板中。在下一次需要使用时就不需要再调配了，直接在调色板中调用就可以了。

◎ **使用颜色泊坞窗**

"颜色"泊坞窗是为图形对象填充颜色的辅助工具，特别适合在实际工作中应用。

选择"填充"工具 ◢ 展开式工具栏下的"颜色泊坞窗"按钮 ▦，弹出"颜色"泊坞窗，如图 2-66 所示。

使用"贝塞尔"工具 ◣ 绘制一个图形，如图 2-67 所示。在"颜色"泊坞窗中调配颜色，如图 2-68 所示。

图 2-66　　　　　　　图 2-67　　　　　　　图 2-68

调配好颜色后，单击"填充"按钮，如图 2-69 所示，颜色填充到酒杯的内部，效果如图 2-70 所示。调配好颜色后，单击"轮廓"按钮，如图 2-71 所示，填充颜色到酒杯的轮廓线，效果如图 2-72 所示。

图 2-69　　　　　　　图 2-70　　　　　　　图 2-71　　　　　　　图 2-72

在"颜色"泊坞窗的右上角有 3 个按钮 ⊟ ▣ ▦，分别是显示颜色滑块、显示颜色查看器和显示调色板。分别单击 3 个按钮可以选择不同的调配颜色的方式，如图 2-73 所示。

图 2-73

◎ **用颜色编辑对象技巧**

使用"颜色样式"泊坞窗可以编辑图形对象的颜色，下面将介绍编辑对象颜色的具体方法和技巧。

打开一个绘制好的图形对象，如图 2-74 所示。选择"窗口 > 泊坞窗 > 颜色样式"命令，弹出"颜色样式"泊坞窗，如图 2-75 所示。在"颜色样式"泊坞窗中，单击"自动创建颜色样式"按钮 ▦，弹出"自动创建颜色样式"对话框，在对话框中单击"预览"按钮，显示出选定对象的颜色，如图 2-76 所示，设置好后，单击"确定"按钮。

图 2-74

图 2-75

图 2-76

在"颜色样式"泊坞窗中双击图形对象的文件夹 图形1，展开图形对象的所有颜色样式，如图 2-77 所示。

在"颜色样式"泊坞窗中单击要编辑的颜色，如图 2-78 所示。再单击"编辑颜色样式"按钮，弹出"编辑颜色样式"对话框，在对话框中调配好颜色，如图 2-79 所示。

图 2-77

图 2-78

图 2-79

在对话框中调配好颜色后，单击"确定"按钮，图形中的颜色被新调配的颜色替换，如图 2-80 所示，图形效果如图 2-81 所示。

图 2-80

图 2-81

在"颜色样式"泊坞窗中，单击选取要删除的颜色，按 Delete 键可以删除图形对象中的颜色样式。在选取的颜色样式上单击鼠标右键，可以在弹出的快捷菜单中进行删除、重命名等操作。

提　示　经过特殊效果处理后，图形对象产生的颜色不能被纳入颜色样式中，如渐变、立体化、透明和滤镜等效果。位图对象也不能进行编辑颜色样式的操作。

中等职业教育数字艺术类规划教材

5. 轮廓工具

◎ 使用轮廓工具

单击"轮廓笔"工具 📷，弹出"轮廓"工具的展开工具栏，拖曳展开工具栏上的两条灰色线 ┇，将轮廓展开工具栏拖放到需要的位置，效果如图 2-82 所示。

图 2-82

在"轮廓展开工具栏"中的 📷 按钮为"轮廓画笔对话框"工具，可以编辑图形对象的轮廓线；📷 按钮为"轮廓颜色对话框"工具，可以编辑图形对象的轮廓线颜色 ✕ ⊠ — — — ■ ■ 8 个按钮都是设置图形对象的轮廓宽度的，分别是无轮廓、细线轮廓、1/2 点轮廓、1 点轮廓、2 点轮廓、8 点轮廓、16 点轮廓、24 点轮廓。

◎ 设置轮廓线的颜色

绘制一个图形对象，并使图形对象处于选取状态，单击"轮廓笔对话框"按钮 📷，弹出"轮廓笔"对话框，如图 2-83 所示。

在"轮廓笔"对话框中，"颜色"选项可以设置轮廓线的颜色，在 CorelDRAW X4 的默认状态下，轮廓线被设置为黑色。在颜色列表框 ■▼ 右侧的按钮上单击，弹出颜色下拉列表，如图 2-84 所示。

在颜色下拉列表中可以选择需要的颜色，也可以单击"其他"按钮，弹出"选择颜色"对话框，如图 2-85 所示。在对话框中可以调配需要的颜色。

图 2-83

图 2-84

图 2-85

设置好需要的颜色后，单击"确定"按钮，可以改变轮廓线的颜色，改变轮廓线颜色的前后效果如图 2-86 所示。

图 2-86

◎ 设置轮廓线的粗细

在"轮廓笔"对话框中，"宽度"选项可以设置轮廓线的宽度值和宽度的度量单位。在黑色三角按钮☑上单击，弹出下拉列表，可以选择宽度数值，也可以在数值框中直接输入"宽度"数值，如图 2-87 所示。在黑色三角按钮☑上单击，弹出下拉列表，可以选择"宽度"的度量单位，如图 2-88 所示。

设置好需要的宽度后，单击"确定"按钮，可以改变轮廓线的宽度，改变轮廓线宽度的前后效果如图 2-89 所示。

图 2-87

图 2-88

图 2-89

◎ 设置轮廓线的样式

在"轮廓笔"对话框中，"样式"选项中可以选择轮廓线的样式，在右侧的按钮☑上单击，弹出下拉列表，可以选择轮廓线的样式，如图 2-90 所示。

单击"编辑样式"按钮，弹出"编辑线条样式"对话框，如图 2-91 所示。在对话框上方的是编辑条，右下方的是编辑线条样式的预览框。

图 2-90

图 2-91

在编辑条上单击或拖曳可以编辑出新的线条样式，下面的两个锁型图标🔒🔒分别表示起点循环位置和终点循环位置。线条样式的第一个点必须是黑色，最后一个点必须是一个空格。线条右侧的是滑动标记，是线条样式的结尾。当编辑好线条样式后，编辑线条样式的预览框将生成线条应用样式，就是将编辑好的线条样式不断地重复。拖动滑动标记，效果如图 2-92 所示。

单击编辑条上的白色方块，白色方块变为黑色，效果如图 2-93 所示。在黑色方块上单击可以将其变为白色。

图 2-92 图 2-93

编辑好需要的线条样式后，单击"添加"按钮，可以将新编辑的线条样式添加到"样式"下拉列表中。单击"替换"按钮，新编辑的线条样式将替换原来在下拉列表中选取的线条样式。

编辑好需要的颜色线条样式后，单击"添加"按钮，在"样式"下拉列表中选择需要的线条样式，可以改变轮廓线的样式，效果如图 2-94 所示。

图 2-94

◎ 设置轮廓线角的样式

在"轮廓笔"对话框中，"角"设置区可以设置轮廓线角的样式，如图 2-95 所示。"角"设置区提供了 3 种拐角的方式，它们分别是尖角、圆角和平角。

将轮廓线的宽度增加，因为较细的轮廓线在设置拐角后效果不明显。3 种拐角的效果如图 2-96 所示。

◎ 编辑线条的端头样式

在"轮廓笔"对话框中，"线条端头"设置区可以设置
线条端头的样式，如图 2-97 所示。3 种样式分别是削平两端点、两端点延伸成半圆形和削平两端点并延伸。

图 2-95   图 2-96

使用"贝塞尔"工具 绘制一条直线，使用"挑选"工具 选取直线，在属性栏中的"轮廓宽度" 框中将直线的宽度设置得宽一些，直线的效果如图 2-98 所示。分别选择 3 种端头样式，单击"确定"按钮，3 种端头样式效果如图 2-99 所示。

图 2-97 图 2-98 图 2-99

在"轮廓笔"对话框中，"箭头"设置区可以设置线条两端的箭头样式，如图 2-100 所示。"箭头"设置区中提供了两个样式框，左侧的样式框 用来设置箭头样式，单击样式框右侧的按钮 ，弹出"箭头样式"列表，如图 2-101 所示。右侧的样式框 用来设置箭尾样式，单击样式框右

侧的按钮☑，弹出"箭尾样式"列表，如图 2-102 所示。

图 2-100　　　　　　图 2-101　　　　　　图 2-102

在"箭头样式"列表和"箭尾样式"列表中需要的箭头样式上单击鼠标左键，可以选择需要的箭头样式。选择好箭头样式后，单击"选项"按钮，弹出如图 2-103 所示的下拉菜单。

选择"无"选项，将不设置箭头的样式。选择"对换"选项，可将箭头和箭尾样式对换。

选择"新建"命令，弹出"编辑箭头尖"对话框，如图 2-104 所示。编辑好箭头样式后单击"确定"按钮，就可以将一个新的箭头样式添加到"箭头样式"列表中。

选择"编辑"命令，弹出"编辑箭头尖"对话框，如图 2-104 所示。在对话框中可以对原来选择的箭头样式进行编辑，编辑好后，单击"确定"按钮，新编辑的箭头样式会覆盖原来选取的"箭头样式"列表中的箭头样式。

在"编辑箭头尖"对话框中，可以单击"反射在 X 中"、"反射在 Y 中"、"中心在 X 中"和"中心在 Y 中"4 个按钮，帮助用户将被编辑的箭头准确地定位在线条的中心或水平垂直翻转180°。

在"编辑箭头尖"对话框中，选取"4 倍缩放"复选框，可以将"编辑箭头尖"对话框中的箭头放大 4 倍，方便对箭头的编辑。效果如图 2-105 所示。

图 2-103　　　　　　图 2-104　　　　　　图 2-105

在"编辑箭头尖"对话框中，拖动箭头周围的黑色方块■，可以变换箭头的大小，如图 2-106 所示。拖动箭头周围的白色方块⬚，可以移动箭头的位置，如图 2-107 所示。

使用"贝塞尔"工具绘制一条曲线，使用"挑选"工具选取曲线，在属性栏中的"轮廓宽度" 0.2 mm 框中将曲线的宽度设置得宽一些，如图 2-108 所示。分别在"箭头样式"列表和"箭尾样式"列表中选择需要的样式，单击"确定"按钮，效果如图 2-109 所示。

图 2-106　　　　　　图 2-107　　　　　　图 2-108　　　　　　图 2-109

在"轮廓笔"对话框中,"书法"设置区如图 2-110 所示。在"书法"设置区的"笔尖形状"预览框中,拖曳鼠标的光标,可以直接设置笔尖的展开和角度,通过在"展开"和"角度"选项中输入数值也可以设置笔尖的效果。

选择刚编辑好的线条效果,如图 2-111 所示。在"书法"设置区中设置笔尖的展开和角度,设置好后,单击"确定"按钮,线条的书法效果如图 2-112 所示。

图 2-110　　　　　　　图 2-111　　　　　　　图 2-112

在"轮廓笔"对话框中,选择"置于填充之后"复选框,会将图形对象的轮廓置于图形对象的填充之后。图形对象的填充会遮挡图形对象的轮廓颜色,用户只能观察到轮廓的一段宽度的颜色。

选择"按图像比例缩放"复选框,在缩放图形对象时,图形对象的轮廓线会根据图形对象的大小而改变,使图形对象的整体效果保持不变。如果不选择"按图像比例缩放"复选框,在缩放图形对象时,图形对象的轮廓线不会根据图形对象的大小而改变,轮廓线和填充不能保持原图形对象的效果,图形对象的整体效果就会被破坏。

◎ **复制轮廓属性**

当设置好一个图形对象的轮廓属性后,可以将它的轮廓属性复制给其他的图形对象。下面介绍具体的操作方法和技巧。

绘制两个图形对象,效果如图 2-113 所示。设置左侧图形对象的轮廓属性,效果如图 2-114 所示。

图 2-113　　　　　　　　　　　图 2-114

用鼠标的右键将左侧的图形对象拖放到右侧的图形对象上,当鼠标的光标变为靶形图标后,松开鼠标右键,弹出如图 2-115 所示的快捷菜单,在快捷菜单中选择"复制轮廓"命令,左侧图形对象的轮廓属性就复制到了右侧的图形对象上,效果如图 2-116 所示。

图 2-115　　　　　　　　　　　图 2-116

2.1.5　【实战演练】绘制卡通图标

使用星形工具、椭圆形工具和 3 点椭圆形工具绘制图标底图。使用基本形状工具添加心形。使用贝塞尔工具添加彩带。（最终效果参看光盘中的"Ch02 > 效果 > 绘制卡通图标"，见图 2-117。）

图 2-117

2.2　绘制卡通小丑

2.2.1　【案例分析】

小丑是喜剧表演者之一，常见于舞台、马戏团、综艺节目、儿童节目及生日会等，能为人们带来欢笑。本例是为某儿童读物绘制的插画，要求设计精致形象，能体现出诙谐和幽默感。

2.2.2　【设计理念】

在设计制作过程中，使用黄色的星状图形作为头部装饰散发出动感活力、活泼开朗的气息。脸部图形的设计形象生动，展现出风趣诙谐、滑稽可爱之感，能引起人们的注意，起到宣传的效果。整体设计醒目突出，惹人发笑。（最终效果参看光盘中的"Ch02 > 效果 > 绘制卡通小丑"，见图 2-118。）

图 2-118

2.2.3　【操作步骤】

步骤 1　按 Ctrl+N 组合键，新建一个 A4 页面。选择"星形"工具 ，其属性栏的设置如图 2-119 所示，按住 Ctrl 键的同时，拖曳光标绘制一个星形，如图 2-120 所示。

图 2-119

图 2-120

步骤 2　选择"椭圆形"工具 ，按住 Ctrl 键的同时，绘制一个正圆形，如图 2-121 所示。选择"挑选"工具 ，用圈选的方法将星形和圆形同时选取，单击属性栏中的"移除前面对象"按钮，将两个图形剪切为一个图形，效果如图 2-122 所示。

图 2-121

图 2-122

步骤 3 选择"均匀填充对话框"工具 ，弹出"均匀填充"对话框，选项的设置如图 2-123 所示，单击"确定"按钮，填充图形。在"CMYK 调色板"中的"无填充"按钮 上单击鼠标右键，去除图形的轮廓线，效果如图 2-124 所示。

图 2-123

图 2-124

步骤 4 选择"星形"工具 ，在属性栏中的设置如图 2-125 所示，拖曳鼠标绘制一个星形，如图 2-126 所示。

图 2-125

图 2-126

步骤 5 按 F12 键，弹出"轮廓笔"对话框，在"颜色"选项中设置轮廓线颜色的 CMYK 值为 100、70、20、0，其他选项的设置如图 2-127 所示。单击"确定"按钮，效果如图 2-128 所示。

步骤 6 选择"挑选"工具 ，按住 Shift 键的同时，向内拖曳星形右上角的控制手柄到适当的位置并单击鼠标右键，复制一个星形，如图 2-129 所示。设置星形颜色的 CMYK 值为 100、70、20、0，填充图形，并去除图形的轮廓线，效果如图 2-130 所示。

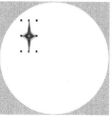

图 2-127　　　　　图 2-128　　　　　图 2-129　　　　　图 2-130

步骤 7 使用相同的方法再绘制一个星形，在"CMYK 调色板"中的"白"色块上单击鼠标左键，填充星形，在"无填充"按钮 ⊠ 上单击鼠标右键，去除星形的轮廓线，效果如图 2-131 所示。使用相同的方法再绘制一个星形，在"CMYK 调色板"中的"黑"色块上单击鼠标左键，填充星形，在"无填充"按钮 ⊠ 上单击鼠标右键，去除星形的轮廓线，效果如图 2-132 所示。

图 2-131　　　　　　　　　图 2-132

步骤 8 选择"挑选"工具 ，使用圈选的方法将绘制的星形同时选取，按 Ctrl+G 组合键将其群组，如图 2-133 所示。选取群组图形，按住鼠标左键水平向右拖曳群组图形，并在适当位置上单击鼠标右键，复制出一个新的群组图形，在属性栏中的"旋转角度" ↻ 0.0 ° 文本框中设置数值为 90，按 Enter 键，效果如图 2-134 所示。

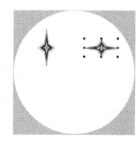

图 2-133　　　　　　　　　图 2-134

步骤 9 选择"椭圆形"工具 ，在页面中适当的位置拖曳鼠标绘制一个椭圆形，如图 2-135 所示。设置椭圆形颜色的 CMYK 值为 0、77、0、0，填充图形，并去除图形的轮廓线，效果如图 2-136 所示。

步骤 10 选择"椭圆形"工具 ，在椭圆形内部再绘制一个椭圆形，如图 2-137 所示。设置椭圆形颜色的 CMYK 值为 0、31、0、0，填充图形，并去除图形的轮廓线，效果如图 2-138 所示。

图 2-135   图 2-136   图 2-137   图 2-138

步骤 11 选择"钢笔"工具，在页面中绘制一个不规则闭合图形，如图 2-139 所示。设置椭圆形颜色的 CMYK 值为 0、77、0、0，填充图形，并去除图形的轮廓线，如图 2-140 所示。选择"挑选"工具，按住 Shift 键的同时，向内拖曳图形右上角的控制手柄到适当的位置并单击鼠标右键，复制一个新图形。设置图形颜色的 CMYK 值为 40、100、50、20，填充图形，并去除图形的轮廓线，效果如图 2-141 所示。

图 2-139   图 2-140   图 2-141

步骤 12 选择"3 点椭圆形"工具，在页面中适当的位置拖曳光标绘制一个椭圆形，如图 2-142 所示。设置椭圆形颜色的 CMYK 值为 0、31、0、0，填充图形，并去除图形的轮廓线，效果如图 2-143 所示。使用相同的方法再绘制一个椭圆形，并填充相同的颜色，去除图形的轮廓线后，效果如图 2-144 所示。卡通小丑绘制完成。

图 2-142   图 2-143   图 2-144

2.2.4 【相关工具】

1. 螺纹工具

◎ 绘制对称式螺旋线

选择"多边形"工具展开式工具栏中的"螺纹"工具，在绘图页面中按住鼠标左键不放，从左上角向右下角拖曳光标到需要的位置，松开鼠标左键，对称式螺旋线绘制完成，如图 2-145 所示。"图形纸张和螺旋工具"属性栏如图 2-146 所示。

图 2-145　　　　　　　　　　　　图 2-146

如果从右下角向左上角拖曳光标到需要的位置，可以绘制出反向的对称式螺旋线。在"螺纹回圈" 框中可以重新设定螺旋线的圈数，绘制需要的螺旋线效果。

◎　绘制对数式螺旋线

选择"螺纹"工具，在"图形纸张和螺旋工具"属性栏中单击"对数式螺纹"按钮，在绘图页面中按住鼠标左键不放，从左上角向右下角拖曳光标到需要的位置，松开鼠标左键，对数式螺旋线绘制完成，如图 2-147 所示。"图形纸张和螺旋工具"属性栏如图 2-148 所示。

图 2-147　　　　　　　　图 2-148

在 框中可以重新设定螺旋线的扩展参数，将数值分别设置为 80 和 20 时，"螺旋线"向外扩展的幅度会逐渐变小，如图 2-149 所示。当数值为 1 时，将绘制出对称式螺旋线。

图 2-149

按 A 键，选择"螺纹"工具，在绘图页面中适当的位置绘制螺旋线。按住 Ctrl 键的同时，可以在绘图页面中绘制正圆螺旋线。按住 Shift 键，在绘图页面中会以当前点为中心绘制螺旋线。同时按下 Shift+Ctrl 组合键，在绘图页面中会以当前点为中心绘制正圆螺旋线。

2. 多边形工具

◎　绘制多边形

选择"多边形"工具，在绘图页面中按住鼠标左键不放，拖曳光标到需要的位置，松开鼠标左键，对称多边形绘制完成，如图 2-150 所示。"对称多边形"属性栏如图 2-151 所示。

设置"对称多边形"属性栏中的"多边形、星形和复杂星形的点数或边数" 数值为 9，如图 2-152 所示，按 Enter 键，多边形效果如图 2-153 所示。

图 2-150　　　　　　图 2-151　　　　　　　　　　图 2-152　　　　　　　　图 2-153

3. 钢笔工具

"钢笔"工具可以绘制出多种精美的曲线和图形，还可以对已绘制的曲线和图形进行编辑和修改。在 CorelDRAW X4 中绘制的各种复杂图形都可以通过钢笔工具来完成。

◎ 绘制直线和折线

选择"钢笔"工具，单击鼠标左键以确定直线的起点，拖曳鼠标光标到需要的位置，再单击鼠标左键以确定直线的终点，绘制出一段直线，效果如图 2-154 所示。

只要再继续单击确定下一个节点，就可以绘制出折线的效果，如果想绘制出多个折角的折线，只要继续单击确定节点就可以了，折线的效果如图 2-155 所示。要结束绘制，按 Esc 键或单击"钢笔"工具即可。

图 2-154　　　　　　　　　　　图 2-155

◎ 绘制曲线

选择"钢笔"工具，在绘图页面中单击鼠标左键以确定曲线的起点，松开鼠标左键，将鼠标光标移动到需要的位置再单击并按住鼠标左键不动，在两个节点间出现一条直线段，如图 2-156 所示。

拖曳鼠标，第 2 个节点的两边出现控制线和控制点，控制线和控制点会随着光标的移动而发生变化，直线段变为曲线的形状，如图 2-157 所示。调整到需要的效果后松开鼠标左键，曲线的效果如图 2-158 所示。

图 2-156　　　　　　图 2-157　　　　　　图 2-158

使用相同的方法可以对曲线继续绘制，效果如图 2-159、图 2-160 所示。绘制完成的曲线效果如图 2-161 所示。

图 2-159　　　　　　图 2-160　　　　　　图 2-161

如果想在曲线后绘制出直线，按住 C 键，在要继续绘制出直线的节点上按下鼠标左键并拖曳鼠标，这时出现节点的控制点。松开 C 键，将控制点拖动到下一个节点的位置，如图 2-162 所示。

松开鼠标左键，再单击鼠标左键，可以绘制出一段直线，效果如图 2-163 所示。

图 2-162　　　　　　　　　　　图 2-163

◎　编辑曲线

在"钢笔"工具属性栏中单击"自动添加/删除"按钮 ，曲线绘制的过程变为自动添加/删除节点模式。

将"钢笔"工具的光标移动到节点上，光标变为删除节点图标 ，如图 2-164 所示。单击可以删除节点，效果如图 2-165 所示。

将"钢笔"工具的光标移动到曲线上，光标变为添加节点图标 ，如图 2-166 所示。单击可以添加节点，效果如图 2-167 所示。

将"钢笔"工具的光标移动到曲线的起始点，光标变为闭合曲线图标 ，如图 2-168 所示。单击可以闭合曲线，效果如图 2-169 所示。

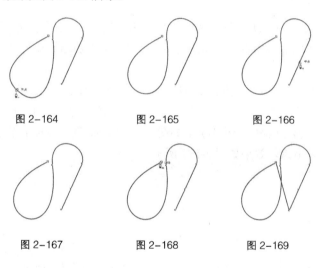

图 2-164　　　　　　　　图 2-165　　　　　　　　图 2-166

图 2-167　　　　　　　　图 2-168　　　　　　　　图 2-169

提　示　　　绘制曲线的过程中，按住 Alt 键可编辑曲线段，可以进行节点的转换，移动和调整等操作，松开 Alt 键可继续进行绘制。

2.2.5　【实战演练】绘制齿轮图标

使用贝塞尔工具和移除前面对象命令制作齿轮效果。使用螺纹工具绘制图形。（最终效果参看光盘中的"Ch02 > 效果 > 绘制齿轮图标"，见图 2-170。）

图 2-170

2.3 绘制汽车图标

2.3.1 【案例分析】

图标是具有指代意义的图形符号，要求构图简洁、概括力强，并能够迅速传达信息，便于记忆。本案例是为某汽车厂商绘制的简易图标，要求形式简洁形象、识别性强。

2.3.2 【设计理念】

在设计制作过程中，使用蓝色与白色图形形成对比，增强视觉冲击力，直观醒目。通过对汽车外形简洁的设计，体现出生动形象、辨识度强的特点。（最终效果参看光盘中的"Ch02 > 效果 > 绘制汽车图标"，见图 2-171。）

2.3.3 【操作步骤】

图 2-171

步骤 1 按 Ctrl+N 组合键，新建一个 A4 页面。选择"矩形"工具 ▢，在页面中绘制一个矩形。在属性栏中将"左/右边矩形的边角圆滑度" 选项均设为 8，按 Enter 键，效果如图 2-172 所示。

步骤 2 选择"矩形"工具 ▢，在页面中绘制一个矩形，如图 2-173 所示。按 Ctrl+Q 组合键，将矩形转换为曲线。选择"形状"工具 ▸，在适当的位置双击鼠标添加节点，如图 2-174 所示。用相同的方法再添加一个节点，如图 2-175 所示。选取需要的节点，如图 2-176 所示，按 Delete 键删除节点，效果如图 2-177 所示。

图 2-172　　　　图 2-173　　　　图 2-174

图 2-175　　　　图 2-176　　　　图 2-177

步骤 3 选择"挑选"工具 ▸，按住 Shift 键的同时，选中需要的两个图形，如图 2-178 所示。单击属性栏中的"移除前面对象"按钮 ▢，效果如图 2-179 所示。

步骤 4　选择"矩形"工具 ，在页面中绘制一个矩形。用上述方法编辑矩形图形，效果如图 2-180 所示。

图 2-178　　　　　　　　　图 2-179　　　　　　　　　图 2-180

步骤 5　选择"矩形"工具 ，在适当的位置绘制一个矩形，如图 2-181 所示。选择"3 点矩形"工具 ，绘制一个倾斜的矩形，如图 2-182 所示。选择"椭圆形"工具 ，在适当的位置绘制两个椭圆形，如图 2-183 所示。

图 2-181　　　　　　　　　图 2-182　　　　　　　　　图 2-183

步骤 6　选择"挑选"工具 ，用圈选的方法选取需要的图形，如图 2-184 所示。单击属性栏中的"焊接"按钮 ，合并图形，效果如图 2-185 所示。

图 2-184　　　　　　　　　图 2-185

步骤 7　选择"矩形"工具 ，在页面中绘制一个矩形。用上述方法编辑矩形图形，效果如图 2-186 所示。再绘制一个矩形，在属性栏中将"左/右边矩形的边角圆滑度" 选项均设为 40，按 Enter 键，效果如图 2-187 所示。选择"3 点矩形"工具 ，绘制一个倾斜的矩形，如图 2-188 所示。

图 2-186　　　　　　　　　图 2-187　　　　　　　　　图 2-188

步骤 8 选择"挑选"工具 ，按数字键盘上的+键复制矩形，并将其拖曳到适当的位置，效果如图 2-189 所示。按住 Ctrl 键的同时，连续点按 D 键，按需要再制作多个矩形，效果如图 2-190 所示。

步骤 9 选择"挑选"工具 ，按住 Shift 键的同时，选中需要的图形，如图 2-191 所示。单击属性栏中的"移除前面对象"按钮 ，剪切后的图形效果如图 2-192 所示。

| 图 2-189 | 图 2-190 | 图 2-191 | 图 2-192 |

步骤 10 选择"矩形"工具 和"椭圆形"工具 ，在适当的位置绘制需要的图形，如图 2-193 所示。选择"挑选"工具 ，用圈选的方法选取需要的图形，如图 2-194 所示。单击属性栏中的"焊接"按钮 合并图形，效果如图 2-195 所示。

| 图 2-193 | 图 2-194 | 图 2-195 |

步骤 11 选择"均匀填充对话框"工具 ，在弹出的"均匀填充"对话框中进行参数设置，如图 2-196 所示，单击"确定"按钮，填充图形。在"CMYK 调色板"中的"无填充"按钮 上单击鼠标右键，去除图形的轮廓线，效果如图 2-197 所示。汽车图标绘制完成。

| 图 2-196 | 图 2-197 |

2.3.4 【相关工具】

◎ 焊接

焊接会将几个图形结合成一个图形，新的图形轮廓由被焊接的图形边界组成，被焊接图形的交叉线都将消失。

绘制要焊接的图形，效果如图 2-198 所示。使用"挑选"工具 选中要焊接的图形，如图 2-199 所示。

选择"窗口 > 泊坞窗 > 造形"命令，或选择"排列 > 造形 > 焊接"命令，都可以弹出如图 2-200 所示的"造形"泊坞窗。在"造形"泊坞窗中选择"焊接"选项，再单击"焊接到"按钮，将鼠标的光标放到目标对象上并单击鼠标左键，如图 2-201 所示。焊接后的效果如图 2-202 所示，新生成的图形对象的边框和颜色填充与目标对象完全相同。

图 2-198　　　　　　　图 2-199

图 2-200　　　　　　图 2-201　　　　　　　图 2-202

在进行焊接操作之前可以在"造形"泊坞窗中设置是否保留"来源对象"和"目标对象"。选择保留"来源对象"和"目标对象"选项，如图 2-203 所示。再焊接图形对象，来源对象和目标对象都被保留，如图 2-204 所示。保留来源对象和目标对象对"修剪"和"相交"功能也适用。

图 2-203　　　　　　　　图 2-204

选择几个要焊接的图形后，选择"排列 >造形> 焊接"命令，或单击属性栏中的"焊接"按钮 ，都可以完成多个对象的焊接。焊接前圈选多个图形时，在最底层的图形就是"目标对象"。按住 Shift 键的同时，选择多个图形时，最后选中的图形就是"目标对象"。

◎ 修剪

修剪会将目标对象与来源对象的相交部分裁掉，使目标对象的形状被更改。修剪后的目标对象保留其填充和轮廓属性。

绘制两个相交的图形，如图 2-205 所示。使用"挑选"工具 选择其中的来源对象，如图 2-206

中
等
职
业
教
育
数
字
艺
术
类
规
划
教
材

所示。

图 2-205　　　　　　　　　　　　图 2-206

选择"窗口 > 泊坞窗 > 造形"命令，弹出如图 2-207 所示的"造形"泊坞窗。在"造形"泊坞窗中选择"修剪"选项，单击"修剪"按钮，将鼠标的光标放到目标对象上并单击鼠标左键，如图 2-208 所示，修剪后的效果如图 2-209 所示，修剪后的目标对象会保留其填充和轮廓属性。

图 2-207　　　　　　　　图 2-208　　　　　　　　图 2-209

选择"排列 >造形> 修剪"命令，或单击属性栏中的"修剪"按钮 ，也可以完成修剪，来源对象和被修剪的目标对象会同时存在于绘图页面中。

 提 示　圈选多个图形时，在最底层的图形对象就是目标对象。按住 Shift 键，选择多个图形时，最后选中的图形就是目标对象。

◎ 相交

相交会将两个或两个以上对象的相交部分保留，使相交的部分成为一个新的图形对象。新创建图形对象的填充和轮廓属性将与目标对象相同。

绘制两个相交的图形，如图 2-210 所示。使用"挑选"工具 选择其中的来源对象，如图 2-211所示。

图 2-210　　　　　　　　　　　图 2-211

选择"窗口 > 泊坞窗 > 造形"命令，弹出如图 2-212 所示的"造形"泊坞窗。在"造形"泊坞窗中选择"相交"选项，单击"相交"按钮，将鼠标的光标放到目标对象上并单击鼠标左键，如图 2-213 所示，相交后的效果如图 2-214 所示，相交后图形对象将保留目标对象的填充和轮廓属性。

图 2-212　　　　　　　　　图 2-213　　　　　　　　图 2-214

　　选择"排列 >造形> 相交"命令，或单击属性栏中的"相交"按钮，也可以完成相交裁切。来源对象和目标对象以及相交后的新图形对象会同时存在于绘图页面中。

◎　简化

　　简化会减去后面图形中和前面图形的重叠部分，并保留前面图形和后面图形的状态。

　　绘制两个相交的图形对象，如图 2-215 所示。使用"挑选"工具选中两个相交的图形对象，如图 2-216 所示。

　　选择"窗口 > 泊坞窗 > 造形"命令，弹出如图 2-217 所示的"造形"泊坞窗。在"造形"泊坞窗中选择"简化"选项，单击"应用"按钮，图形的简化效果如图 2-218 所示。

　　　图 2-215　　　　　　　　　　图 2-216

　　　图 2-217　　　　　　　　　图 2-218

　　选择"排列 > 造形 > 简化"命令，或单击属性栏中的"简化"按钮，也可以完成图形的简化。

◎　移除后面对象

　　前减后会减去后面图形，减去前后图形的重叠部分，并保留前面图形的剩余部分。

　　绘制两个相交的图形对象，如图 2-219 所示。使用"挑选"工具选中两个相交的图形对象，如图 2-220 所示。

　　选择"窗口 > 泊坞窗 > 造形"命令，弹出如图 2-221 所示的"造形"泊坞窗。在"造形"

泊坞窗中选择"移除后面对象"选项，单击"应用"按钮，效果如图 2-222 所示。

图 2-219　　　　图 2-220　　　　图 2-221　　　　图 2-222

选择"排列 > 造形 > 移除后面对象"命令，或单击属性栏中的"移除后面对象"按钮，也可以完成图形的移除后面对象。

◎ **移除前面对象**

移除前面对象会减去前面图形，减去前后图形的重叠部分，并保留后面图形的剩余部分。

绘制两个相交的图形对象，如图 2-223 所示。使用"挑选"工具选中两个相交的图形对象，如图 2-224 所示。

选择"窗口 > 泊坞窗 > 造形"命令，弹出如图 2-225 所示的"造形"泊坞窗。在"造形"泊坞窗中选择"移除前面对象"选项，单击"应用"按钮，效果如图 2-226 所示。

图 2-223　　　　图 2-224　　　　图 2-225　　　　图 2-226

选择"排列 > 造形 > 移除前面对象"命令，或单击属性栏中的"移除前面对象"按钮，也可以完成图形的后减前。

◎ **创建选择对象边界**

通过应用"创建围绕选定对象的新对象"按钮，可以快速创建一个所选图形的共同边界。

绘制要创建选择边界的图形对象，如图 2-227 所示。使用"挑选"工具选中图形对象，如图 2-228 所示。单击属性栏中的"创建围绕选定对象的新对象"按钮，使用"挑选"工具移动图形，可以看到创建好的选择对象边界，效果如图 2-229 所示。

图 2-227　　　　图 2-228　　　　图 2-229

2.3.5 【实战演练】绘制圣诞树

使用多边形工具、矩形工具和星形工具绘制树的轮廓图。使用挑选工具和焊接命令制作树。使用星形工具添加装饰星形。（最终效果参看光盘中的"Ch02 > 效果 > 绘制圣诞树"，见图 2-230。）

图 2-230

2.4 / 绘制天气图标

2.4.1 【案例分析】

天气图标是能准确反映天气情况的简易图标。本案例是为某儿童读物绘制的插画，在设计中要求绘制的图形轻松简洁、形象生动。

2.4.2 【设计理念】

在设计制作过程中，使用花边图形使画面具有动势，给人可爱的印象。中间的蓝色云和雨滴图形形象的展示出天气情况，与宣传的主题相呼应。添加白色的脸部表情，给人自然和愉悦感，让人印象深刻。（最终效果参看光盘中的"Ch02 > 效果 > 绘制天气图标"，见图 2-231。）

2.4.3 【操作步骤】

步骤 1　按 Ctrl+N 组合键，新建一个 A4 页面。选择"椭圆形"工具 ，按住 Ctrl 键的同时，在页面中绘制一个圆形，如图 2-232 所示。单击圆形的中心点，使其处于旋转状态，将旋转中心拖曳到圆形的下方，如图 2-233 所示。

步骤 2　按 Alt+F8 组合键，弹出"变换"泊坞窗，选项的设置如图 2-234 所示。单击"应用到再制"按钮，效果如图 2-235 所示。

图 2-231

图 2-232　　　　　图 2-233　　　　　图 2-234　　　　　图 2-235

步骤 3　选择"挑选"工具 ，用圈选的方法将所有圆形同时选取，单击属性栏中的"焊接"按钮 ，将其焊接在一起，效果如图 2-236 所示。按 F12 键，弹出"轮廓笔"对话框，在"颜色"选项中设置轮廓线颜色的 CMYK 值为 100、80、40、0，其他选项的设置如图 2-237 所示。单击"确定"按钮，效果如图 2-238 所示。

图 2-236　　　　　　　　　　图 2-237　　　　　　　　　　图 2-238

步骤 4　选择"椭圆形"工具 ⬭，在页面中适当的位置绘制多个椭圆形，如图 2-239 所示。选择"挑选"工具 ⬚，按住 Shift 键的同时，将绘制的椭圆形同时选中，如图 2-240 所示。单击属性栏中的"焊接"按钮 ⬚ 合并图形，效果如图 2-241 所示。

图 2-239　　　　　　　　　　图 2-240　　　　　　　　　　图 2-241

步骤 5　选择"均匀填充对话框"工具 ⬛，在弹出的对话框中进行参数设置，如图 2-242 所示，单击"确定"按钮，填充图形。在"CMYK 调色板"中的"无填充"按钮 ⊠ 上单击鼠标右键，去除图形的轮廓线，效果如图 2-243 所示。

步骤 6　选择"椭圆形"工具 ⬭，按住 Ctrl 键的同时，在页面中适当的位置绘制一个圆形，填充图形为白色，并去除图形的轮廓线，效果如图 2-244 所示。选择"挑选"工具 ⬚，按数字键盘上的+键复制一个圆形，并将其拖曳到适当的位置，效果如图 2-245 所示。

图 2-242　　　　　　图 2-243　　　　　图 2-244　　　　　图 2-245

步骤 7　选择"基本形状"工具 ⬚，在属性栏中单击"完美形状"按钮 ⬚，在弹出的下拉图形列表中选择需要的图标，如图 2-246 所示。在适当的位置绘制出需要的图形，如图 2-247 所示。填充图形为白色，并去除图形的轮廓线，效果如图 2-248 所示。

图 2-246   图 2-247   图 2-248

步骤 **8** 选择"基本形状"工具，在属性栏中单击"完美形状"按钮，在弹出的下拉图形列表中选择需要的图标，如图 2-249 所示。在页面中绘制出多个需要的图形，如图 2-250 所示。

步骤 **9** 选择"挑选"工具，用圈选的方法将绘制的图形同时选取。选择"均匀填充"工具，在弹出的对话框中进行参数设置，如图 2-251 所示，单击"确定"按钮，填充图形。在"CMYK调色板"中的"无填充"按钮上单击鼠标右键，去除图形的轮廓线，效果如图 2-252 所示。天气图标绘制完成。

图 2-249   图 2-250   图 2-251   图 2-252

2.4.4 【相关工具】

1. 图纸工具

◎ 绘制图纸

选择"图纸"工具，在绘图页面中按住鼠标左键不放，从左上角向右下角拖曳光标到需要的位置，松开鼠标左键，网格状的图形绘制完成，如图 2-353 所示，绘制的图纸属性栏如图 2-354 所示。在框中可以重新设定图纸的列和行，绘制出需要的网格状图形效果。

图 2-253   图 2-254

按住 Ctrl 键，在绘图页面中可以绘制正网格状的图形。

按住 Shift 键，在绘图页面中会以当前点为中心绘制网格状的图形。

同时按下 Shift+Ctrl 组合键，在绘图页面中会以当前点为中心绘制正网格状的图形。

使用"挑选"工具 选中网格状图形，如图 2-255 所示。选择"排列 > 取消群组"命令或按 Ctrl+U 组合键，可将绘制出的网格状图形取消群组。取消网格图形的选取状态，再使用"挑选"工具 可以单选其中的各个图形，如图 2-256 所示。

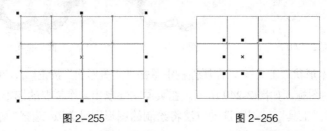

图 2-255   图 2-256

2. 编辑命令

在 CorelDRAW X4 中，可以使用强大的图形对象编辑功能对图形对象进行编辑，其中包括对象的多种选取方式、对象的缩放、移动、镜像、复制和删除以及对象的调整。下面将讲解多种编辑图形对象的方法和技巧。

◎ 对象的选取

在 CorelDRAW X4 中，新建一个图形对象时，一般图形对象呈选取状态，在对象的周围出现圈选框，圈选框是由 8 个控制手柄组成的。对象的中心有一个"X"形的中心标记，对象的选取状态如图 2-257 所示。

中心标记 —————→   ←——— 控制手柄

图 2-257

 提 示   在 CorelDRAW X4 中，如果要编辑一个对象，首先要选取这个对象。当选取多个图形对象时，多个图形对象共有一个圈选框。要取消对象的选取状态，只要在绘图页面中的其他位置单击鼠标左键或按 Esc 键即可。

选择"挑选"工具 ，在要选取的图形对象上单击鼠标左键，即可以选取该对象。

选取多个图形对象时，按住 Shift 键，依次单击选取的对象即可。同时选取的效果如图 2-258 所示。

图 2-258

选择"挑选"工具 ，在绘图页面中要选取的图形对象外围单击鼠标左键并拖曳光标，拖曳后会出现一个蓝色的虚线圈选框，如图 2-259 所示。在圈选框完全圈选住对象后松开鼠标左键，被圈选的对象即处于选取状态，如图 2-260 所示，用圈选的方法可以同时选取一个或多个对象。

图 2-259　　　　　　　　　　　　　　　　　图 2-260

在圈选的同时按住 Alt 键，蓝色的虚线圈选框接触到的对象都将被选取，如图 2-261 所示。

图 2-261

选择"编辑 > 全选"子菜单下的各个命令来选取对象，按 Ctrl+A 组合键，可以选取绘图页面中的全部对象。

> **提　示**　当绘图页面中有多个对象时，按空格键，快速选择"挑选"工具 ，连续按 Tab 键，可以依次选择下一个对象。按住 Shift 键，再连续按 Tab 键，可以依次选择上一个对象。按住 Ctrl 键的同时，用光标点选可以选取群组中的单个对象。

◎ 对象的缩放

使用"挑选"工具 选取要缩放的对象，对象的周围出现控制手柄。

用鼠标拖曳控制手柄可以缩放对象。拖曳对角线上的控制手柄可以按比例缩放对象，如图 2-262 所示。拖曳中间的控制手柄可以不按比例缩放对象，如图 2-263 所示。

图 2-262

图 2-263

拖曳对角线上的控制手柄时，按住 Ctrl 键，对象会以 100% 的比例缩放。同时按下 Shift+Ctrl 组合键，对象会以 100% 的比例从中心缩放。

选择"挑选"工具 并选取要缩放的对象，对象的周围出现控制手柄。选择"形状"工具展开式工具栏中的"自由变换"工具 ，这时的属性栏如图 2-264 所示。

在"自由变形"属性栏中的"对象大小" ，中，输入对象的宽度和高度。如果选择了"缩放因子" 中的锁按钮 ，则宽度和高度将按比例缩放，只要改变宽度和高度中的一个值，另一个值就会自动按比例调整。

在"自由变形"属性栏中调整好宽度和高度后，按 Enter 键完成对象的缩放，缩放的效果如图 2-265 所示。

图 2-264

图 2-265

使用"挑选"工具 选取要缩放的对象，如图 2-266 所示。选择"窗口 > 泊坞窗 > 变换 > 大小"命令，或按 Alt+F10 组合键，弹出"变换"泊坞窗，如图 2-267 所示。其中，"水平"表示宽度，"垂直"表示高度。如选中 不按比例 复选框，就可以不按比例缩放对象。

在"变换"泊坞窗中，如图 2-268 所示的是可供选择的圈选框控制手柄 8 个点的位置，单击一个按钮以定义一个在缩放对象时保持固定不动的点，缩放的对象将基于这个点进行缩放，这个点可以决定缩放后的图形与原图形的相对位置。

设置好需要的数值，如图 2-269 所示。单击"应用"按钮，对象的缩放完成，效果如图 2-270 示。单击"应用到再制"按钮，可以复制生成多个缩放好的对象。

选择"窗口 > 泊坞窗 > 变换 > 比例"命令，或按 Alt+F9 组合键，在弹出的"变换"泊坞窗中可以对对象进行缩放。

图 2-266

图 2-267　　　　图 2-268

图 2-269

图 2-270

◎ **对象的移动**

使用"挑选"工具 选取要移动的对象，如图 2-271 所示。使用"挑选"工具 或其他的绘图工具，将鼠标的光标移到对象的中心控制点，光标将变为十字箭头形 ，如图 2-272 所示。按住鼠标左键不放，拖曳对象到需要的位置，松开鼠标左键，完成对象的移动，效果如图 2-273 所示。

图 2-271　　　　　　　　　图 2-272　　　　　　　　　图 2-273

选取要移动的对象，用键盘上的方向键可以微调对象的位置，系统使用默认值时，对象将以0.1 英寸的增量移动。选择"挑选"工具 后不选取任何对象，在属性栏中的 框中可以重新设定每次微调移动的距离。

选取要移动的对象，在属性栏的"对象位置" 框中输入对象要移动到的新位置的横坐标和纵坐标，可移动对象。

选取要移动的对象，选择"窗口 > 泊坞窗 > 变换 > 位置"命令，或按 Alt+F7 组合键，将弹出"变换"泊坞窗，"水平"表示对象所在位置的横坐标，"垂直"表示对象所在位置的纵坐标。如选中 相对位置 复选框，对象将相对于原位置的中心进行移动。设置好后，单击"应用"按钮或按 Enter 键，完成对象的移动。移动前后的位置如图 2-274 所示。

图 2-274

设置好数值后，单击"应用到再制"按钮，可以在移动的新位置复制生成出新的对象。

◎ **对象的镜像**

镜像效果经常被应用到设计作品中。在 CorelDRAW X4 中，可以使用多种方法使对象沿水平、垂直或对角线的方向做镜像翻转。

选取镜像对象，如图 2-275 所示。按住鼠标左键直接拖曳控制手柄到相对的边，直到显示对象的蓝色虚线框，如图 2-276 所示。松开鼠标左键就可以得到不规则的镜像对象，如图 2-277 所示。

图 2-275　　　　　　　　　图 2-276　　　　　　　　　图 2-277

按住 Ctrl 键，直接拖曳左边或右边中间的控制手柄到相对的边，可以完成保持原对象比例的水平镜像，如图 2-278 所示。按住 Ctrl 键，直接拖曳上边或下边中间的控制手柄到相对的边，可以完成保持原对象比例的垂直镜像，如图 2-279 所示。按住 Ctrl 键，直接拖曳边角上的控制手柄到相对的边，可以完成保持原对象比例的沿对角线方向的镜像，如图 2-280 所示。

图 2-278　　　　　　　图 2-279　　　　　　　图 2-280

提示　在镜像的过程中，只能使对象本身产生镜像。如果想产生图 2-277、图 2-278、图 2-279 所示的效果，就要在镜像的位置生成一个复制对象。方法很简单，在松开鼠标左键之前按下鼠标右键，就可以在镜像的位置生成一个复制对象。

使用"挑选"工具 选取要镜像的对象，如图 2-281 所示，这时的属性栏如图 2-282 所示。

图 2-281　　　　　　　　　　　图 2-282

单击属性栏中的"水平镜像"按钮 ，可以使对象沿水平方向做镜像翻转。单击"垂直镜像"按钮 ，可以使对象沿垂直方向做镜像翻转。

选取要镜像的对象，选择"窗口 > 泊坞窗 > 变换 > 缩放和镜像"命令，或按 Alt+F9 组合键，弹出"变换"泊坞窗，单击"水平镜像"按钮 ，可以使对象沿水平方向做镜像翻转。单击"垂直镜像"按钮 ，可以使对象沿垂直方向做镜像翻转。设置需要的数值，单击"应用"按钮即可看到镜像效果。

还可以设置产生一个变形的镜像对象。"变换"泊坞窗如图 2-283 所示进行参数设定，设置好后，单击"应用到再制"按钮，生成一个变形的镜像对象，效果如图 2-284 所示。

图 2-283　　　　　　　图 2-284

◎ 对象的旋转

使用"挑选"工具 选取要旋转的对象，对象的周围出现控制手柄。再次单击对象，这时对象的周围出现旋转 和倾斜 控制手柄，如图 2-285 所示。

图 2-285

将鼠标的光标移动到旋转控制手柄上，这时的光标变为旋转符号 ，如图 2-286 所示。按住鼠标左键，拖曳鼠标旋转对象，旋转时对象会出现蓝色的虚线框指示旋转方向和角度，如图 2-287 所示。旋转到需要的角度后，松开鼠标左键，完成对象的旋转，效果如图 2-288 所示。

图 2-286　　　　　　　　　图 2-287　　　　　　　　　图 2-288

对象是围绕旋转中心 旋转的，默认的旋转中心 是对象的中心点，将鼠标光标移动到旋转中心上，按住鼠标左键拖曳旋转中心 到需要的位置，松开鼠标左键，完成对旋转中心的移动。

选取要旋转的对象，效果如图 2-289 所示。选择"挑选"工具 ，在属性栏中的"旋转角度" 0.0 文本框中输入旋转的角度数值 25，如图 2-290 所示。按 Enter 键，效果如图 2-291 所示。

图 2-289　　　　　　　　　图 2-290　　　　　　　　　图 2-291

选取要旋转的对象，如图 2-292 所示。选择"窗口 > 泊坞窗 > 变换 > 旋转"命令，或按 Alt+F8 组合键，弹出"变换"泊坞窗，如图 2-293 所示。也可以在已打开的"变换"泊坞窗中单击"旋转"按钮 。

在"变换"泊坞窗的"旋转"设置区的"角度"选项框中直接输入旋转的角度数值，旋转角度数值可以是正值也可以是负值。在"中心"选项的设置区中输入旋转中心的坐标位置。选中"相对中心"复选框，对象的旋转将以选中的旋转中心旋转。"变换"泊坞窗如图 2-294 所示进行设定，设置完成后，单击"应用"按钮，对象旋转的效果如图 2-295 所示。

图 2-292　　　　　图 2-293　　　　　图 2-294　　　　　图 2-295

◎ 对象的倾斜变换

选取要倾斜变形的对象，对象的周围出现控制手柄。再次单击对象，这时对象的周围出现旋转 ↗ 和倾斜 ↔ 控制手柄，如图 2-296 所示。

将鼠标的光标移动到倾斜控制手柄上，光标变为倾斜符号 ⇄，如图 2-297 所示。按住鼠标左键，拖曳鼠标变形对象，倾斜变形时对象会出现蓝色的虚线框指示倾斜变形的方向和角度，如图 2-298 所示。倾斜到需要的角度后，松开鼠标左键，对象倾斜变形的效果如图 2-299 所示。

图 2-296　　　　　图 2-297　　　　　图 2-298　　　　　图 2-299

选取倾斜变形对象，如图 2-300 所示。选择"窗口 > 泊坞窗 > 变换 > 倾斜"命令，弹出"变换"泊坞窗，如图 2-301 所示。也可以在已打开的"变换"泊坞窗中单击"倾斜"按钮 ⬒，在"变换"泊坞窗中设定倾斜变形对象的数值，如图 2-302 所示。单击"应用"按钮，对象产生倾斜变形，效果如图 2-303 所示。

图 2-300　　　　　图 2-301　　　　　图 2-302　　　　　图 2-303

◎ 对象的复制

选取要复制的对象，如图 2-304 所示。选择"编辑 > 复制"命令，或按 Ctrl+C 组合键，对象的副本将被放置在剪贴板中。选择"编辑 > 粘贴"命令，或按 Ctrl+V 组合键，对象的副本被粘贴到原对象的下面，位置和原对象是相同的。用鼠标移动对象，可以显示复制的对象，如图 2-305 所示。

图 2-304　　　　图 2-305

提 示 选择"编辑 > 剪切"命令，或按 Ctrl+X 组合键，对象将从绘图页面中删除并被放置在剪贴板上。

选取要复制的对象，如图 2-306 所示。将鼠标光标移动到对象的中心点上，光标变为移动光标 ✛，如图 2-307 所示。按住鼠标左键拖曳对象到需要的位置，如图 2-308 所示。在位置合适后单击鼠标右键，对象的复制完成，效果如图 2-309 所示。

图 2-306　　　　　图 2-307　　　　　图 2-308　　　　　图 2-309

选取要复制的对象，用鼠标右键点击并拖曳对象到需要的位置，松开鼠标右键后弹出如图 2-310 所示的快捷菜单，选择"复制"命令，对象的复制完成，如图 2-311 所示。

使用"挑选"工具 选取要复制的对象，在数字键盘上按+键，可以快速复制对象。

图 2-310　　　　　　　　　　图 2-311

提 示 可以在两个不同的绘图页面中复制对象，使用鼠标左键拖曳其中一个绘图页面中的对象到另一个绘图页面中，在松开鼠标左键前单击鼠标右键即可复制对象。

选取要复制属性的对象，如图 2-312 所示。选择"编辑 > 复制属性自"命令，弹出"复制属性"对话框，在对话框中勾选"填充"复选框，如图 2-313 所示。单击"确定"按钮，鼠标光标显示为黑色箭头，在要复制其属性的对象上单击，如图 2-314 所示。对象的属性复制完成，效果如图 2-315 所示。

图 2-312　　　　　　　图 2-313　　　　　　　图 2-314　　　　　　图 2-315

◎ **对象的删除**

在 CorelDRAW X4 中，可以方便快捷地删除对象。下面介绍如何删除不需要的对象。

选取要删除的对象，如图 2-316 所示。选择"编辑 > 删除"命令，或按 Delete 键，如图 2-317

所示，可以将选取的对象删除，效果如图 2-318 所示。

图 2-316   图 2-317   图 2-318

提 示　如果想删除多个或全部的对象，首先要选取这些对象，再执行"删除"命令或按 Delete 键。

2.4.5 【实战演练】绘制电视节目

使用矩形工具、多边形工具和椭圆形工具绘制电视机。使用矩形工具和移除按钮制作显示屏。使用倾斜命令制作节目内容。使用矩形工具和椭圆形工具添加按钮。（最终效果参看光盘中的"Ch02 > 效果 > 绘制电视节目"，见图 2-319。）

图 2-319

2.5 综合演练——绘制电话按钮

使用椭圆形工具、渐变工具和调和工具绘制按钮底图和电话按键。使用透明度工具制作电话按键的高光效果。使用箭头形状工具和贝塞尔工具添加其他装饰图形。（最终效果参看光盘中的"Ch02 > 效果 > 绘制电话按钮"，见图 2-320。）

图 2-320

2.6　综合演练——绘制记事本

　　使用矩形工具和阴影工具制作底座和标签纸效果。使用矩形工具、椭圆形工具和修剪命令制作纸张。使用贝塞尔工具和椭圆形工具制作环扣。（最终效果参看光盘中的"Ch02 > 效果 > 绘制记事本"，见图 2-321。）

图 2-321

第3章 插画设计

现代插画艺术发展迅速，已经被广泛应用于杂志、周刊、广告、包装和纺织品领域。使用 CorelDRAW 绘制的插画简洁明快、独特新颖、形式多样，已经成为最流行的插画表现形式。本章以多个主题插画为例，讲解插画的多种绘制方法和制作技巧。

 课堂学习目标

- 了解插画的概念和应用领域
- 了解插画的分类
- 了解插画的风格特点
- 掌握插画的绘制思路和过程
- 掌握插画的绘制方法和技巧

3.1 绘制小羊插画

3.1.1 【案例分析】

本案例是为卡通书籍绘制的小羊插画，主要介绍的是郊外的风景。在插画绘制上要通过简洁的绘画语言表现出风清气爽、生机勃勃的自然风貌。

3.1.2 【设计理念】

通过浅蓝色的天空和绿色的草地营造出清新自然的气氛，给人柔和宁静的安心感。小羊和蘑菇等动植物的添加展现出一片生意盎然的景象，突显出清新和活力感。整个画面自然协调，生动且富于变化，让人印象深刻。（最终效果参看光盘中的"Ch03 > 效果 > 绘制小羊插画"，见图3-1。）

图 3-1

3.1.3 【操作步骤】

1. 绘制背景和太阳图形

步骤 1 按 Ctrl+N 组合键，新建一个页面。在属性栏"纸张宽度和高度"选项中分别设置宽度为

204mm，高度为 155mm，按 Enter 键，页面尺寸显示为设置的大小。双击"矩形"工具 ，绘制一个与页面大小相等的矩形，如图 3-2 所示。

步骤 2 　选择"渐变填充对话框"工具 ，弹出"渐变填充"对话框。点选"双色"单选框，将"从"选项颜色的 CMYK 值设置为 0、0、0、0，"到"选项颜色的 CMYK 值设置为 94、29、0、0，其他选项的设置如图 3-3 所示。单击"确定"按钮填充图形，并去除图形的轮廓线，效果如图 3-4 所示。

图 3-2　　　　　　　　　　　图 3-3　　　　　　　　　　　图 3-4

步骤 3 　选择"椭圆形"工具 ，按住 Ctrl 键的同时，绘制一个圆形，如图 3-5 所示。设置图形颜色的 CMYK 值为 1、51、95、0，填充图形，并去除图形的轮廓线，效果如图 3-6 所示。

步骤 4 　选择"椭圆形"工具 ，按住 Ctrl 键的同时，绘制一个圆形，如图 3-7 所示。选择"挑选"工具 ，按数字键盘上的+键复制图形，并拖曳到适当的位置，效果如图 3-8 所示。

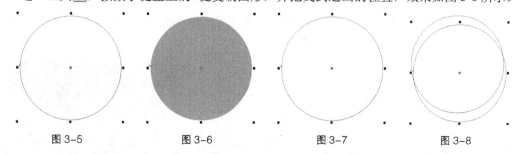

图 3-5　　　　　　　　图 3-6　　　　　　　　图 3-7　　　　　　　　图 3-8

步骤 5 　选择"挑选"工具 ，用圈选的方法将两个圆形同时选取，如图 3-9 所示。单击属性栏中的"移除前面对象"命令 ，将两个图形剪切为一个图形，效果如图 3-10 所示。拖曳图形到适当的位置并调整其大小，效果如图 3-11 所示。

图 3-9　　　　　　　　　　图 3-10　　　　　　　　　　图 3-11

步骤 6 　填充图形为白色，并去除图形的轮廓线，效果如图 3-12 所示。选择"交互式透明"工具 ，在属性栏中进行设置，如图 3-13 所示。按 Enter 键，效果如图 3-14 所示。

图 3-12   图 3-13   图 3-14

步骤 7 选择"多边形"工具 ⬡，在属性栏中进行设置，如图 3-15 所示。在页面中绘制一个三角形，效果如图 3-16 所示。设置图形颜色的 CMYK 值为 1、51、95、0，填充图形，并去除图形的轮廓线，效果如图 3-17 所示。

图 3-15   图 3-16   图 3-17

步骤 8 再次单击图形，使其处于旋转状态，拖曳旋转中心到适当的位置，如图 3-18 所示。选择"挑选"工具 ▸，按数字键盘上的+键复制一个图形，将属性栏中的"旋转角度" ↻ 0.0 选项设置为 20，按 Enter 键，效果如图 3-19 所示。按住 Ctrl 键，再连续按 D 键，再制出多个图形，效果如图 3-20 所示。用圈选的方法将图形同时选取，按 Ctrl+G 组合键将其群组，并拖曳到适当的位置，效果如图 3-21 所示。

图 3-18   图 3-19   图 3-20   图 3-21

2. 绘制云彩和草地图形

步骤 1 选择"椭圆形"工具 ◯，绘制出多个椭圆形，如图 3-22 所示。选择"挑选"工具 ▸，用圈选的方法选取需要的图形，如图 3-23 所示。单击属性栏中的"焊接"按钮 ⬡，将多个图形焊接为一个图形。填充图形为白色，并去除图形的轮廓线，效果如图 3-24 所示。

步骤 2 选择"挑选"工具 ▸，按数字键盘上的+键复制图形。拖曳复制的图形到适当的位置，设置图形颜色的 CMYK 值为 0、0、0、12，填充图形，效果如图 3-25 所示。用相同的方法制作其他云朵图形，效果如图 3-26 所示。

图 3-22　　　　　　　　　　　　　图 3-23

图 3-24　　　　　　　　　　图 3-25　　　　　　　　　　图 3-26

步骤 3 选择"贝塞尔"工具 ，绘制一个图形，如图 3-27 所示。设置图形颜色的 CMYK 值为
37、0、100、0，填充图形，并去除图形的轮廓线，效果如图 3-28 所示。选择"挑选"工具
，按数字键盘上的+键复制图形，拖曳到适当的位置并调整其大小，效果如图 3-29 所示。

图 3-27　　　　　　　　　　图 3-28　　　　　　　　　　图 3-29

步骤 4 选择"渐变填充对话框"工具 ，弹出"渐变填充"对话框。点选"双色"单选框，
将"从"选项颜色的 CMYK 值设置为 77、2、100、0，"到"选项颜色的 CMYK 值设置为
45、1、98、0，其他选项的设置如图 3-30 所示。单击"确定"按钮填充图形，效果如图 3-31
所示。用相同的方法绘制其他草地图形，效果如图 3-32 所示。

图 3-30　　　　　　　　　　图 3-31　　　　　　　　　　图 3-32

3. 绘制羊身和羊角图形

步骤 1 选择"贝塞尔"工具 ，绘制一个图形，如图 3-33 所示。选择"渐变填充对话框"工具 ，弹出"渐变填充"对话框。点选"双色"单选框，将"从"选项颜色的 CMYK 值设置为 0、11、37、25，"到"选项颜色的 CMYK 值设置为 0、0、0、0，其他选项的设置如图 3-34 所示，单击"确定"按钮，填充图形。在属性栏中将"轮廓宽度" 0.2 mm 选项设置为 6pt，效果如图 3-35 所示。

图 3-33   图 3-34   图 3-35

步骤 2 选择"螺纹"工具 ，在属性栏中单击"对数式螺纹"按钮 ，其他选项的设置如图 3-36 所示。绘制一个螺旋图形，如图 3-37 所示。选择"排列 > 闭合路径 > 最近的节点和直线"命令，将螺旋图形闭合，效果如图 3-38 所示。

图 3-36   图 3-37   图 3-38

步骤 3 设置图形颜色的 CMYK 值为 36、0、97、2，填充图形，在属性栏中将"轮廓宽度" 0.2 mm 选项设置为 4pt，效果如图 3-39 所示。选择"挑选"工具 ，按数字键盘上的+键复制图形，单击属性栏中的"水平镜像"按钮 ，将图形水平翻转，并拖曳到适当的位置，效果如图 3-40 所示。

图 3-39   图 3-40

步骤 4 选择"挑选"工具 ，用圈选的方法选取需要的图形，如图 3-41 所示。拖曳图形到适当的位置，并调整其大小和角度，效果如图 3-42 所示。选择一个螺旋图形，按数字键盘上的+键复制图形，拖曳到适当的位置并调整其大小和角度，填充为黑色，并去除图形的轮廓线，效果如图 3-43 所示。

| 图 3-41 | 图 3-42 | 图 3-43 |

4. 绘制羊嘴和羊角图形

步骤 1 选择"多边形"工具 ⬡，在属性栏中进行设置，如图 3-44 所示。绘制一个三角形，设置图形颜色的 CMYK 值为 100、100、0、0，填充图形，并去除图形的轮廓线，效果如图 3-45 所示。

| 图 3-44 | 图 3-45 |

步骤 2 选择"挑选"工具 ▨，按数字键盘上的+键复制图形，调整其位置和大小。设置图形颜色的 CMYK 值为 20、20、0、0，填充图形，效果如图 3-46 所示。按 F12 键，弹出"轮廓笔"对话框，将"颜色"选项的 CMYK 值设为 0、0、100、0，其他选项的设置如图 3-47 所示，单击"确定"按钮，效果如图 3-48 所示。用相同的方法制作其他三角图形，并填充适当的颜色，效果如图 3-49 所示。

| 图 3-46 | 图 3-47 | 图 3-48 | 图 3-49 |

步骤 3 选择"挑选"工具 ▨，用圈选的方法将三角形同时选取，按 Ctrl+G 组合键将其群组。拖曳图形到适当的位置，如图 3-50 所示。多次按 Ctrl+PageDown 组合键，将图形置后到羊角图形的下方，效果如图 3-51 所示。

步骤 4 选择"贝塞尔"工具 ✎，绘制一个图形，填充图形为黑色，效果如图 3-52 所示。选择"挑选"工具 ▨，按 3 次数字键盘上的+键复制图形，分别拖曳图形到适当的位置并调整其大小，效果如图 3-53 所示。

图 3-50   图 3-51   图 3-52   图 3-53

步骤 5 选择"挑选"工具 ，用圈选的方法将羊图形同时选取，按 Ctrl+G 组合键将其群组，拖曳到适当的位置并调整其大小，效果如图 3-54 所示。按数字键盘上的+键复制图形，拖曳到适当的位置并调整其大小，效果如图 3-55 所示。

图 3-54

图 3-55

5. 绘制草和蘑菇图形

步骤 1 选择"艺术笔"工具 ，单击属性栏中的"喷罐"按钮 ，在"喷涂列表文件列表"选项的下拉列表中选择需要的图形，其他选项的设置如图 3-56 所示。在页面中适当的位置拖曳鼠标绘制图形，效果如图 3-57 所示。

图 3-56

图 3-57

步骤 2 选择"艺术笔"工具 ，单击属性栏中的"喷罐"按钮 ，在"喷涂列表文件列表"选项的下拉列表中选择需要的图形，其他选项的设置如图 3-58 所示。在页面中适当的位置拖曳鼠标绘制图形，效果如图 3-59 所示。小羊插画绘制完成，效果如图 3-60 所示。

图 3-58

图 3-59

图 3-60

3.1.4 【相关工具】

1. 贝赛尔工具

"贝塞尔"工具 可以绘制平滑、精确的曲线。可以通过确定节点和改变控制点的位置来控制曲线的弯曲度。可以使用节点和控制点对绘制完的直线或曲线进行精确的调整。

◎ 绘制直线和拆线

选择"贝塞尔"工具 ，在绘图页面中单击鼠标左键以确定直线的起点，拖曳鼠标光标到需要的位置，再单击鼠标左键以确定直线的终点，绘制出一段直线。只要确定下一个节点，就可以绘制出折线的效果，如果想绘制出多个折角的折线，只要继续确定节点即可，如图 3-61 所示。

如果双击折线上的节点，将删除这个节点，折线的另外两个节点将自动连接，效果如图 3-62 所示。

图 3-61　　　　　　　　　　图 3-62

◎ 绘制曲线

选择"贝塞尔"工具 ，在绘图页面中按住鼠标左键并拖曳光标以确定曲线的起点，松开鼠标左键，这时该节点的两边出现控制线和控制点，如图 3-63 所示。

将鼠标的光标移动到需要的位置单击并按住鼠标左键不动，在两个节点间出现一条曲线段，拖曳鼠标，第 2 个节点的两边出现控制线和控制点，控制线和控制点会随着光标的移动而发生变化，曲线的形状也会随之发生变化，调整到需要的效果后松开鼠标左键，如图 3-64 所示。

在下一个需要的位置单击鼠标左键后，将出现一条连续的平滑曲线，如图 3-65 所示。用"形状"工具 在第 2 个节点处单击鼠标左键，出现控制线和控制点，效果如图 3-66 所示。

图 3-63　　　　　　图 3-64　　　　　　图 3-65　　　　　　图 3-66

 提　示　当确定一个节点后，在这个节点上双击，再单击确定下一个节点后出现直线。当确定一个节点后，在这个节点上双击鼠标左键，再单击确定下一个节点并拖曳这个节点后出现曲线。

2. 艺术笔工具

在 CorelDRAW X4 中，使用"艺术笔"工具 可以绘制出多种精美的线条和图形，可以模仿画笔的真实效果，在画面中产生丰富的变化，通过使用"艺术笔"工具可以绘制出不同风格的设计作品。

选择"艺术笔"工具 ，属性栏如图 3-67 所示，其中包含的 5 种模式 分别是"预设"模式、"笔刷"模式、"喷罐"模式、"书法"模式和"压力"模式。下面具体介绍这 5 种模式。

图 3-67

◎ **预设模式**

预设模式提供了多种线条类型，并且可以改变曲线的宽度。单击属性栏的"预设笔触列表"右侧的按钮 ，弹出其下拉列表，如图 3-68 所示。在线条列表框中单击选择需要的线条类型。

单击属性栏中的"手绘平滑"设置区，弹出滑动条，拖曳滑动条或输入数值可以调节绘图时线条的平滑程度。在"艺术笔工具宽度" 中输入数值可以设置曲线的宽度。选择"预设"模式和线条类型后，鼠标的光标变为 图标，在绘图页面中按住鼠标左键并拖曳光标，可以绘制出封闭的线条图形。

◎ **笔刷模式**

画笔模式提供了多种颜色样式的画笔，将画笔运用在绘制的曲线上，可以绘制出漂亮的效果。

在属性栏中单击"笔刷"模式按钮 ，单击属性栏中"笔触列表"右侧的按钮 ，弹出其下拉列表，如图 3-69 所示。在列表框中单击选择需要的画笔类型，在页面中按住鼠标左键并拖曳光标，绘制出需要的图形。

图 3-68   图 3-69

◎ **喷罐模式**

喷罐模式提供了多种有趣的图形对象，这些图形对象可以应用在绘制的曲线上。可以在属性栏的"喷涂列表文件列表"下拉列表框中选择喷雾的形状来绘制需要的图形。

在属性栏中单击"喷罐"模式按钮 ，属性栏如图 3-70 所示。单击属性栏中"喷涂列表文件列表"右侧的按钮，弹出其下拉列表，如图 3-71 所示。在列表框中单击选择需要的喷涂类型。单击属性栏中"选择喷涂顺序" 随机 ▼右侧的按钮，弹出下拉列表，可以选择喷出图形的顺序。选择"随机"选项，喷出的图形将会随机分布。选择"顺序"选项，喷出的图形将会以方形区域分布。选择"按方向"选项，喷出的图形将会随光标拖曳的路径分布。在页面中按住鼠标左键并拖曳光标，绘制出需要的图形。

图 3-70　　　　　　　　　　　　　　　图 3-71

◎ **书法模式**

书法模式可以绘制出类似书法笔的效果，可以改变曲线的粗细。

在属性栏中单击"书法"模式按钮，属性栏如图 3-72 所示。在属性栏的"书法角度" ▼ 0.0 ▲ °选项中，可以设置"笔触"和"笔尖"的角度。如果角度值设为 0°，书法笔垂直方向画出的线条最粗，笔尖是水平的。如果角度值设置为 90°，书法笔水平方向画出的线条最粗，笔尖是垂直的。在绘图页面中按住鼠标左键并拖曳光标绘制图形。

◎ **压力模式**

压力模式可以用压力感应笔或键盘输入的方式改变线条的粗细，应用好这个功能可以绘制出特殊的图形效果。

在属性栏的"预置笔触列表"模式中选择需要的画笔，单击"压力"模式按钮，属性栏如图 3-73 所示。在"压力"模式中设置好压力感应笔的平滑度和画笔的宽度，在绘图页面中按住鼠标左键并拖曳光标绘制图形。

图 3-72　　　　　　　　　　　　　　　图 3-73

3. 渐变填充对话框

渐变填充是一种非常实用的功能，在设计制作工作中经常被应用。在 CorelDRAW X4 中，渐变填充提供了线性、射线、圆锥和方角 4 种渐变色彩的形式，可以绘制出多种渐变颜色效果。下面介绍使用渐变填充的方法和技巧。

◎ 使用属性栏和工具栏进行填充

绘制一个图形，效果如图 3-74 所示。单击"交互式填充"工具，在属性栏中进行设置，如图 3-75 所示。按 Enter 键，效果如图 3-76 所示。

图 3-74　　　　　　　　　　图 3-75　　　　　　　　　　图 3-76

单击类型　　框右侧的按钮　，弹出其下拉选项，可以选择渐变的类型，射线、圆锥和方角的效果如图 3-77 所示。

图 3-77

在属性栏中的　　框是"填充下拉式"，用于选择渐变"起点"颜色，　　框是"最终填充选择器"，用于选择渐变"终点"颜色。单击右侧的按钮　，弹出调色板，如图 3-78 所示，可在其中选择渐变颜色。单击"其他"按钮，弹出"选择颜色"对话框，如图 3-79 所示，可在其中调配所需的渐变颜色。

图 3-78　　　　　　　　　　图 3-79

在属性栏中的　　框中输入数值后，按 Enter 键，可以更改渐变的中心点，设置不同的中心点后，渐变效果如图 3-80 所示。

在属性栏中的　　框中输入数值后，按 Enter 键，可以设置渐变填充的角度，设置不同的角度后，渐变效果如图 3-81 所示。

图 3-80　　　　　　　　　　图 3-81

在属性栏中的 ▧ 0 ▧ 框中输入数值后，按 Enter 键，可以设置渐变填充的边缘宽度，设置不同的边缘宽度后，渐变效果如图 3-82 所示。

在属性栏中的 ▧ 256 ▧ 框中输入数值后，按 Enter 键，可以设置渐变的层次，系统根据可用资源的状况来决定渐变的层次数，最高值为 256。单击 ▧ 256 ▧ 框中的按钮▢进行解锁后，就可以设置渐变的层次了，渐变层次的效果如图 3-83 所示。

图 3-82　　　　　　　　　　图 3-83

绘制一个图形，如图 3-84 所示。选择"交互式填充"工具▧，在起点颜色的位置单击并按住鼠标左键拖曳光标到适当的位置，松开鼠标左键，图形被填充了预设的颜色，效果如图 3-85 所示。在拖曳的过程中可以控制渐变的角度、渐变的边缘宽度等渐变属性。

拖曳起点颜色和终点颜色可以改变渐变的角度和边缘宽度，如图 3-86、图 3-87 所示。拖曳中间点可以调整渐变颜色的分布。

图 3-84　　　　图 3-85　　　　图 3-86　　　　图 3-87

拖曳渐变虚线，可以控制颜色渐变与图形之间的相对位置，不同的效果如图 3-88 所示。

图 3-88

中等职业教育数字艺术类规划教材

◎ 使用"渐变填充"对话框填充

选择"填充"工具 展开工具栏中的"渐变填充对话框"工具 ，弹出"渐变填充"对话框，如图 3-89 所示。在对话框中的"颜色调和"设置区中可选择渐变填充的两种类型，即"双色"或"自定义"渐变填充。

"双色"渐变填充的对话框如图 3-89 所示，在对话框中的"预设"选项中包含了 CorelDRAW X4 预设的一些渐变效果。如果调配好一个渐变效果，可以单击"预设"选项右侧的按钮 ，将调配好的渐变效果添加到预设选项中，单击"预设"选项右侧的按钮 ，可以删除预设选项中的渐变效果。

图 3-89

在"颜色调和"设置区的中部有 3 个按钮，可以用它们来确定颜色在"色轮"中所要遵循的路径。在上方的按钮 表示由沿直线变化的色相和饱和度来决定中间的填充颜色。在中间的按钮 表示以"色轮"中沿逆时针路径变化的色相和饱和度决定中间的填充颜色。在下面的按钮 表示以"色轮"中沿顺时针路径变化的色相和饱和度决定中间的填充颜色。

在对话框中设置好渐变颜色后，单击"确定"按钮，完成图形的渐变填充。

单击选择"自定义"选项，如图 3-90 所示。在"颜色调和"设置区中，出现了"预览色带"和"调色板"，在"预览色带"上方的左右两侧各有一个小正方形，分别表示自定义渐变填充的起点和终点颜色。单击终点的小正方形将其选取，小正方形由白色变为黑色，如图 3-91 所示。再单击调色板中的颜色，可改变自定义渐变填充终点的颜色。

图 3-90

图 3-91

在"预览色带"上的起点和终点颜色之间双击，在预览色带上产生一个黑色倒三角形 ，也就是新增了一个渐变颜色标记，如图 3-92 所示。"位置"选项中显示的百分数就是当前新增渐变颜色标记的位置。"当前"选项中显示的颜色就是当前新增渐变颜色标记的颜色。

在"调色板"中单击需要的渐变颜色，"预览"色带上新增渐变颜色标记上的颜色将改变为需要的新颜色。"当前"选项中将显示新选择的渐变颜色，如图 3-93 所示。

在"预览色带"上的新增渐变颜色标记上单击并拖曳鼠标，可以调整新增渐变颜色的位置，"位置"选项中的百

图 3-92

分数的数值将随着改变。直接改变"位置"选项中的百分数的数值也可以调整新增渐变颜色的位置，如图 3-94 所示。

使用相同的方法可以在预览色带上新增多个渐变颜色，制作出更符合设计需要的渐变效果，如图 3-95 所示。

图 3-93

图 3-94

图 3-95

◎ 渐变填充对话框的样式

直接使用已保存的渐变填充样式，是帮助用户节省时间、提高工作效率的好方法。下面介绍 CorelDRAW X4 中预设的渐变填充样式。

绘制一个图形，如图 3-96 所示。在"渐变填充"对话框中的"预设"选项中包含了 CorelDRAW X4 预设的一些渐变效果，如图 3-97 所示。

图 3-96

图 3-97

选择好一个预设的渐变效果，单击"确定"按钮，可以完成渐变填充。使用预设的渐变效果填充的各种渐变效果如图 3-98 所示。

图 3-98

3.1.5 【实战演练】绘制旅行周刊插画

使用矩形工具和渐变填充工具绘制插画背景。使用椭圆形工具和焊接命令绘制云朵图形。使用椭圆形工具和透明度工具绘制太阳图形。使用贝塞尔工具绘制树木图形和动物图形。使用艺术笔工具绘制蘑菇图形。（最终效果参看光盘中的"Ch03 > 效果 > 绘制旅行周刊插画"，见图 3-99。）

图 3-99

3.2 绘制酒吧一角插画

3.2.1 【案例分析】

本例是为时尚报纸中的时尚生活栏目绘制的插画，时尚生活栏目这期介绍的是酒吧文化，在插画绘制上要以明快简约的风格表现出都市中的酒吧文化，营造出温馨舒适的氛围。

3.2.2 【设计理念】

在设计绘制过程中，首先使用层层递进的背景，展现出节奏和律动感。不同颜色的装饰图形与背景巧妙的融合，增添了画面的活泼气氛，表现出欢乐、舒适的主题。醒目的橘黄色和红色酒瓶形成画面的主体，给人一目了然的印象。最后添加介绍性文字，达到宣传的效果。（最终效果参看光盘中的"Ch03 > 效果 > 绘制酒吧一角插画"，见图 3-100。）

图 3-100

3.2.3 【操作步骤】

1. 绘制插画背景

步骤 1 按 Ctrl+N 组合键，新建一个页面。在属性栏的"纸张宽度和高度"选项中分别设置宽度为 304mm，高度为 304mm，按 Enter 键，页面尺寸显示为设置的大小。双击"矩形"工具 ▭，绘制一个与页面大小相等的矩形，如图 3-101 所示。

步骤 2 选择"贝塞尔"工具 ✎，绘制一条曲线，如图 3-102 所示。用相同的方法再绘制两条曲线，效果如图 3-103 所示。选择"挑选"工具 ↖，用圈选的方法选取所需图形，如图 3-104 所示。单击属性栏中的"移除前面对象"按钮 ▣，剪切图形，效果如图 3-105 所示。

图 3-101   图 3-102

图 3-103　　　　　　　　　图 3-104　　　　　　　　　图 3-105

步骤 3　按 Ctrl+K 组合键，将图形拆分。选择"挑选"工具 ，选择需要的图形，如图 3-106 所示。设置填充颜色的 CMYK 值为 5、10、48、0，填充图形，并去除图形的轮廓线，效果如图 3-107 所示。用相同的方法为其他图形填充适当的颜色，效果如图 3-108 所示。

图 3-106　　　　　　　　　图 3-107　　　　　　　　　图 3-108

步骤 4　选择"贝塞尔"工具 ，绘制一条曲线，如图 3-109 所示。按 F12 键，弹出"轮廓笔"对话框，在"颜色"选项中设置轮廓线颜色的 CMYK 值为 4、0、51、0，其他选项的设置如图 3-110 所示。单击"确定"按钮，效果如图 3-111 所示。用相同的方法绘制其他曲线，并填充适当的颜色，效果如图 3-112 所示。

图 3-109　　　　　　图 3-110　　　　　　图 3-111　　　　　　图 3-112

步骤 5　选择"贝塞尔"工具 ，绘制一个图形。设置填充颜色的 CMYK 值为 44、0、33、0，填充图形，并去除图形的轮廓线，效果如图 3-113 所示。

步骤 6　选择"贝塞尔"工具 ，绘制一个图形。设置填充颜色的 CMYK 值为 47、11、100、0，填充图形，并去除图形的轮廓线，效果如图 3-114 所示。

步骤 7　选择"贝塞尔"工具 ，绘制一个图形。设置填充颜色的 CMYK 值为 47、11、100、0，填充图形，并去除图形的轮廓线，效果如图 3-115 所示。用相同的方法绘制多个图形，并填充相同的颜色，效果如图 3-116 所示。

图 3-113　　　　　　　图 3-114　　　　　　　图 3-115　　　　　　　图 3-116

步骤 8 选择"贝塞尔"工具，绘制两个图形。设置填充颜色的 CMYK 值为 23、0、91、0，填充图形，并去除图形的轮廓线，效果如图 3-117 所示。再绘制两个图形，填充为黑色，效果如图 3-118 所示。

图 3-117　　　　　　　　　　　　　图 3-118

步骤 9 选择"椭圆形"工具，按住 Ctrl 键的同时，绘制一个圆形。设置填充颜色的 CMYK 值为 7、0、62、0，填充图形，并去除图形的轮廓线，效果如图 3-119 所示。选择"矩形"工具，绘制一个矩形，如图 3-120 所示。选择"挑选"工具，按住 Shift 键的同时，选择圆形，将两个图形同时选取。单击属性栏中的"移除前面对象"按钮剪切图形，效果如图 3-121 所示。

图 3-119　　　　　　　图 3-120　　　　　　　图 3-121

步骤 10 选择"交互式透明"工具，在属性栏中将"透明度类型"选项设为"标准"，其他选项的设置如图 3-122 所示。按 Enter 键，效果如图 3-123 所示。

图 3-122　　　　　　　　　　　　　图 3-123

步骤 11 选择"贝塞尔"工具，绘制一个图形。填充图形为白色，并去除图形的轮廓线，效果如图 3-124 所示。选择"挑选"工具，连续按 3 次数字键盘上的+键复制图形，并分别调整其大小和角度，效果如图 3-125 所示。

步骤 [12] 选择"椭圆形"工具 ⊙ ，绘制一个椭圆形。填充图形为白色，并去除图形的轮廓线，效果如图 3-126 所示。选择"挑选"工具 �ⅈ ，多次单击数字键盘上的+键复制图形，并分别调整其位置和大小，效果如图 3-127 所示。用上述方法制作其他图形，并填充适当的颜色，效果如图 3-128 所示。

步骤 [13] 按 Ctrl+I 组合键，弹出"导入"对话框。选择光盘中的"Ch09＞素材＞绘制酒吧一角插画＞01"文件，单击"导入"按钮，在页面中单击导入图片，并将其拖曳到适当的位置，效果如图 3-129 所示。

图 3-124　　　　　　　图 3-125　　　　　　　图 3-126

图 3-127　　　　　　　图 3-128　　　　　　　图 3-129

2. 添加文字内容

步骤 [1] 选择"贝塞尔"工具 ✎ ，绘制一个图形。设置填充颜色的 CMYK 值为 0、42、97、0，填充图形，并去除图形的轮廓线，效果如图 3-130 所示。用相同的方法再绘制一个图形，并填充相同的颜色，效果如图 3-131 所示。选择"挑选"工具 ⓚ ，用圈选的方法选取需要的图形，按 Ctrl+G 组合键将图形群组。按 Ctrl+PageDown 组合键，将图形向后移动一层，效果如图 3-132 所示。

图 3-130　　　　　　　图 3-131　　　　　　　图 3-132

步骤 [2] 选择"文本"工具 ⌨ ，输入需要的文字。选择"挑选"工具 ⓚ ，在属性栏中选择合适的字体并设置文字大小，效果如图 3-133 所示。选择"形状"工具 ⌖ ，文字的编辑状态如图 3-134 所示，向左拖曳文字下方的 ⯈⯇ 图标调整字距，松开鼠标后，效果如图 3-135 所示。

步骤 [3] 选择"文本"工具 ⌨ ，输入需要的文字。选择"挑选"工具 ⓚ ，在属性栏中选择合适的字体并设置文字大小，效果如图 3-136 所示。选择"形状"工具 ⌖ ，文字的编辑状态如图 3-137 所示。向下拖曳文字下方的 ⯅⯆ 图标调整行距，松开鼠标后，效果如图 3-138 所示。酒吧一角插画制作完成，效果如图 3-139 所示。

图 3-133   图 3-134   图 3-135

图 3-136   图 3-137   图 3-138   图 3-139

3.2.4 【相关工具】

1. 编辑曲线的节点

节点是构成图形对象的基本要素，用"形状"工具 选择曲线或图形对象后，会显示曲线或图形的全部节点。通过移动节点和节点的控制点、控制线可以编辑曲线或图形的形状，还可以通过增加和删除节点来进一步编辑曲线或图形。

绘制一条曲线，如图 3-140 所示。使用"形状"工具 ，单击选中曲线上的节点，如图 3-141 所示。弹出的属性栏如图 3-142 所示。

在属性栏中有 3 种节点类型：尖突节点、平滑节点和对称节点。节点类型的不同决定了节点控制点的属性也不同，单击属性栏中的按钮可以转换 3 种节点的类型。

使节点成为尖突 ：尖突节点的控制点是独立的，当移动一个控制点时，另外一个控制点并不移动，从而使得通过尖突节点的曲线能够尖突弯曲。

平滑节点 ：平滑节点的控制点之间是相关的，当移动一个控制点时，另外一个控制点也会随之移动，通过平滑节点连接的线段将产生平滑的过渡。

生成对称节点 ：对称节点的控制点不仅是相关的，而且控制点和控制线的长度是相等的，从而使得对称节点两边曲线的曲率也是相等的。

图 3-140   图 3-141

图 3-142

◎ **选取并移动节点**

绘制一个图形，如图 3-143 所示。选择"形状"工具 ，单击鼠标左键选取节点，如图 3-144 所示。按住鼠标左键拖曳鼠标，节点被移动，如图 3-145 所示。松开鼠标左键，图形调整的效果如图 3-146 所示。

图 3-143　　　　图 3-144　　　　图 3-145　　　　图 3-146

使用"形状"工具 选中并拖曳节点上的控制点，如图 3-147 所示。松开鼠标左键，图形调整的效果如图 3-148 所示。

使用"形状"工具 圈选图形上的部分节点，如图 3-149 所示。松开鼠标左键，图形被选中的部分节点如图 3-150 所示。拖曳任意一个被选中的节点，其他被选中的节点也会随之移动。

图 3-147　　　　图 3-148　　　　图 3-149　　　　图 3-150

 提　示　因为在 CorelDRAW X4 中有 3 种节点类型，所以当移动不同类型节点上的控制点时，图形的形状也会有不同形式的变化。

◎ **增加或删除节点**

绘制一个图形，如图 3-151 所示。使用"形状"工具 ，选择需要增加和删除节点的曲线，在曲线上要增加节点的位置双击鼠标左键，如图 3-152 所示，可以在这个位置增加一个节点，效果如图 3-153 所示。

图 3-151　　　图 3-152　　　图 3-153

单击属性栏中的"添加节点"按钮 ，也可以在曲线上增加节点。

将鼠标的光标放在要删除的节点上并双击鼠标左键，如图 3-154 所示，可以删除这个节点，

中
等
职
业
教
育
数
字
艺
术
类
规
划
教
材

效果如图 3-155 所示。

选中要删除的节点，单击属性栏中的"删除节点"按钮，也可以在曲线上删除选中的节点。

图 3-154   图 3-155

提 示 如果需要在曲线和图形中删除多个节点，可以先按住 Shift 键，再用鼠标选择要删除的多个节点，选择好后按 Delete 键就可以了。当然也可以使用圈选的方法选择需要删除的多个节点，选择好后按 Delete 键即可。

◎ 合并和连接节点

使用"形状"工具圈选两个需要合并的节点，如图 3-156 所示。两个节点被选中，如图 3-157 所示，单击属性栏中的"连接两个节点"按钮将节点合并，使曲线成为闭合的曲线，如图 3-158 所示。

图 3-156   图 3-157   图 3-158

使用"形状"工具圈选两个需要连接的节点，单击属性栏中的"自动闭和曲线"按钮，可以将两个节点以直线连接，使曲线成为闭合的曲线。

◎ 断开节点

在曲线中要断开的节点上单击鼠标左键，选中该节点，如图 3-159 所示。单击属性栏中的"断开曲线"按钮，断开节点。选择"挑选"工具，曲线效果如图 3-160 所示。选择并移动曲线，曲线的节点被断开，曲线变为两条，效果如图 3-161 所示。

图 3-159   图 3-160   图 3-161

提 示 在绘制图形的过程中有时需要将开放的路径闭合。选择"排列 > 闭合路径"下的各个菜单命令，可以以直线或曲线方式闭合路径。

2. 编辑和修改几何图形

使用矩形、椭圆和多边形工具绘制的图形都是简单的几何图形。这类图形有其特殊的属性，图形上的节点比较少，只能对其进行简单的编辑。如果想对其进行更复杂的编辑，就需要将简单的几何图形转换为曲线。

◎ 使用"转换为曲线"按钮 ⚙

使用"椭圆"工具 ⚪ 绘制一个椭圆形，效果如图 3-162 所示。在属性栏中单击"转换成曲线"按钮 ⚙ ，将椭圆图形转换成曲线图形，在曲线图形上增加了多个节点，如图 3-163 所示。使用"形状"工具 ▶ 拖曳椭圆形上的节点，如图 3-164 所示。松开鼠标左键，调整后的图形效果如图 3-165 所示。

图 3-162   图 3-163   图 3-164   图 3-165

◎ 使用"转换直线为曲线"按钮 🖊

使用"多边形"工具 ⬡ ，绘制一个多边形，如图 3-166 所示。选择"形状"工具 ▶ ，单击需要选中的节点，如图 3-167 所示。单击属性栏中的"转换直线为曲线"按钮 🖊 ，将直线转换为曲线，在曲线上出现节点，图形的对称性被保持，如图 3-168 所示。使用"形状"工具 ▶ 拖曳节点调整图形，如图 3-169 所示。松开鼠标左键，图形效果如图 3-170 所示。

图 3-166   图 3-167   图 3-168   图 3-169   图 3-170

3.2.5 【实战演练】绘制猫咪插画

使用贝塞尔工具绘制猫的身体。使用 3 点椭圆形工具、透明度工具和星形工具绘制猫的眼睛。使用艺术笔工具绘制猫的胡须。（最终效果参看光盘中的"Ch03 > 效果 > 绘制猫咪插画"，见图 3-171。）

图 3-171

3.3 绘制卡通书籍插画

3.3.1 【案例分析】

本案例是为卡通书籍绘制的环保插画，主要介绍的是爱护树木、保护森林的主题。在插画绘制上要通过简洁的绘画语言突出宣传的主题。

3.3.2 【设计理念】

通过暗红色的背景突出前方的宣传主体，给人稳重和力量感。粉红色的爆炸图形醒目突出，辨识度强，能引导人们的视线。白色的图形上方添加树木，在突出宣传主体的同时，使画面产生景深感。（最终效果参看光盘中的"Ch03 > 效果 > 绘制卡通书籍插画"，见图3-172。）

图3-172

3.3.3 【操作步骤】

1. 绘制底图和放射状图形

步骤 1 按 Ctrl+N 组合键，新建一个 A4 页面。选择"矩形"工具 ▢，按住 Ctrl 键的同时，在页面中的适当位置拖曳光标绘制一个正方形，如图 3-173 所示。

步骤 2 选择"图样填充对话框"工具 ▨，弹出"图样填充"对话框，选中"全色"单选项，单击右侧的按钮 ，在弹出的面板中选择需要的图样，如图 3-174 所示。单击"确定"按钮，填充图形，并去除图形的轮廓线，效果如图 3-175 所示。

图3-173   图3-174   图3-175

步骤 3 选择"贝塞尔"工具 ，在适当的位置绘制一个不规则图形，如图 3-176 所示。在"CMYK 调色板"中的"10%黑"色块上单击鼠标左键，填充不规则图形，在"无填充"按钮 上单击鼠标右键，去除图形的轮廓线，效果如图 3-177 所示。

步骤 4 使用相同的方法在适当的位置再绘制一个不规则图形，如图 3-178 所示。选择"渐变填充对话框"工具 ■，弹出"渐变填充"对话框。点选"双色"单选框，将"从"选项颜色的 CMYK 值设置为 0、100、0、0，"到"选项颜色的 CMYK 值设置为 40、80、0、20，其他选项的设置如图 3-179 所示。单击"确定"按钮，填充图形，并去除图形的轮廓线，效果如图 3-180 所示。

图 3-176

图 3-177

图 3-178

图 3-179

图 3-180

2. 绘制云彩和树图形

步骤 `1` 选择"椭圆形"工具 ◯，按住 Ctrl 键的同时，分别绘制多个大小不等的圆形，如图 3-181
所示。选择"挑选"工具 ▷，用圈选的方法选取刚绘制的圆形，单击属性栏中的"焊接"按
钮 ⬚，将多个图形焊接为一个图形，如图 3-182 所示。在"CMYK 调色板"中的"60%黑"
色块上单击鼠标左键填充图形，并去除图形的轮廓线，效果如图 3-183 所示。

图 3-181

图 3-182

图 3-183

步骤 `2` 选择"挑选"工具 ▷，选取图形，按数字键盘上的+键复制图形，在"CMYK 调色板"
中的"20%黑"色块上单击鼠标左键填充图形，如图 3-184 所示。使用相同的方法再复制一
个图形，将其拖曳到适当的位置，在"CMYK 调色板"中的"10%黑"色块上单击鼠标左键
填充图形，如图 3-185 所示。

步骤 `3` 使用相同的方法，按数字键盘上的+键复制图形，将其拖曳到适当的位置，在"CMYK
调色板"中的"白"色块上单击鼠标左键填充图形，如图 3-186 所示。

步骤 `4` 选择"交互式阴影"工具 ◻，在白色图形中心由上至下拖曳光标，为图形添加阴影效
果，在属性栏中的设置如图 3-187 所示。按 Enter 键，效果如图 3-188 所示。

图 3-184

图 3-185

图 3-186

图 3-187

图 3-188

步骤 5　选择"多边形"工具 ，在属性栏中的"多边形、星形和复杂星形的点数或边数"
文本框中设置数值为 3，在页面中绘制 4 个三角形，效果如图 3-189 所示。

步骤 6　选择"挑选"工具 ，用圈选的方法选取刚绘制的三角形，单击属性栏中的"焊接"
按钮 ，将 4 个图形合并为一个图形，如图 3-190 所示。

图 3-189

图 3-190

步骤 7　选择"渐变填充对话框"工具 ，弹出"渐变填充"对话框。点选"自定义"单选框，
在"位置"选项中分别输入 0、59、100 三个位置点，单击右下角的"其他"按钮，分别设
置 3 个位置点颜色的 CMYK 值为 0（100、0、100、80）、59（100、0、100、50）、100（40、
0、100、0），其他选项的设置如图 3-191 所示。单击"确定"按钮填充图形，并去除图形的
轮廓线，效果如图 3-192 所示。

图 3-191

图 3-192

步骤 8 选择"贝塞尔"工具，在适当的位置绘制一个不规则图形，填充图形为黑色，并去除图形的轮廓线，效果如图 3-193 所示。

步骤 9 选择"交互式透明"工具，在图形对象上从右向左拖曳光标，为图形添加透明效果，在属性栏中进行设置，如图 3-194 所示。按 Enter 键，效果如图 3-195 所示。

图 3-193　　　　　　　　　　图 3-194　　　　　　　　　　图 3-195

步骤 10 选择"椭圆形"工具，在树的适当位置分别绘制几个圆形，在"CMYK 调色板"中的"白"色块上单击鼠标左键，填充不规则图形，并去除不规则图形的轮廓线，如图 3-196 所示。

步骤 11 选择"挑选"工具，用圈选的方法将绘制的树图形全部选取，按 Ctrl+G 组合键将其群组，如图 3-197 所示。选取群组图形，将其拖曳到页面的适当位置，如图 3-198 所示。按 Ctrl+PageDown 组合键，将群组图形置后一位，效果如图 3-199 所示。

图 3-196　　　　图 3-197　　　　　　　图 3-198　　　　　　　　图 3-199

步骤 12 选择"挑选"工具，选取群组组图形，按数字键盘上的+键复制图形，按住 Shift 键的同时，向内拖曳右上角的控制手柄，将其等比例缩小，并拖曳到适当的位置，如图 3-200 所示，按 Ctrl+PageDown 组合键，将群组图形置后一位，如图 3-201 所示。使用相同的方法，再复制两个群组图形，将其拖曳到适当的位置，并调整其大小，效果如图 3-202 所示。

图 3-200　　　　　　　　图 3-201　　　　　　　　图 3-202

3. 添加文字

步骤 1 选择"文本"工具，在页面中输入需要的文字。选择"挑选"工具，在属性栏中选取适当的字体并设置文字大小，如图 3-203 所示。在属性栏中将"旋转角度" ↻ ⁰·⁰ 文本框设置为 352，按 Enter 键，效果如图 3-204 所示。

图 3-203   图 3-204

步骤 2 使用相同的方法，在页面中的适当位置分别输入需要的文字。选择"挑选"工具，在属性栏中分别选取适当的字体并设置文字大小，旋转至适当的角度，取消选取状态，效果如图 3-205 所示。

步骤 3 选择"文本"工具字，在页面中输入需要的文字。选择"挑选"工具，在属性栏中选取适当的字体并设置文字大小，如图 3-206 所示，卡通书籍插画绘制完成。

图 3-205   图 3-206

3.3.4 【相关工具】

1. 图案填充对话框

选择"填充"工具，展开工具栏中的"图案填充对话框"工具，弹出"填充图案"对话框，在对话框中有"双色"、"全色"和"位图"3 种图样填充方式的选项，如图 3-207 所示。

双色   全色   位图

图 3-207

双色：用两种颜色构成的图案来填充，也就是通过设置前景色和背景色的颜色来填充。

全色：图案由矢量和线描样式图像来生成的。

位图：使用位图图片进行填充。

"装入"按钮：可载入已有图片。

"创建"按钮：弹出"双色图案编辑器"对话框，单击鼠标左键绘制图案。

"大小"选项组：用来设置平铺图案的尺寸大小。

"变换"选项组：用来使图案产生倾斜或旋转变化。

"行或列位移"选项组：用来使填充图案的行或列产生位移。

2. 底纹填充对话框

底纹填充是随机产生的填充，它使用小块的位图填充图形，可以给图形一个自然的外观。底纹填充只能使用 RGB 颜色，所以在打印输出时可能会与屏幕显示的颜色有差别。

选择"填充"工具展开工具栏中的"底纹填充对话框"工具，弹出"底纹填充"对话框。

在对话框中，CorelDRAW X4 的底纹库提供了多个样本组和几百种预设的底纹填充图案，如图 3-208 所示。

在对话框中的"底纹库"选项的下拉列表中可以选择不同的样本组。CorelDRAW X4 底纹库提供了 9 个样本组。选择样本组后，在下面的"底纹列表"中，显示出样本组中的多个底纹的名称，单击选中一个底纹样式，下面的"预览"框中显示出底纹的效果。

绘制一个图形，在"底纹列表"中选择需要的底纹效果后，单击"确定"按钮，可以将底纹填充到图形对象中，几个填充不同底纹的图形效果如图 3-209 所示。

图 3-208

图 3-209

在对话框中更改参数可以制作出新的底纹效果。在选择一个底纹样式名称后，在"样式名称"设置区中就包含了对应于当前底纹样式的所有参数。选择不同的底纹样式会有不同的参数内容。在每个参数选项的后面都有一个按钮，单击它可以锁定或解锁每个参数选项，当单击"预览"按钮时，解锁的每个参数选项会随机发生变化，同时会使底纹图案发生变化。每单击一次"预览"按钮，就会产生一个新的底纹图案，效果如图 3-210 所示。

在每个参数选项中输入新的数值，可以产生新的底纹图案。设置好后，可以用按钮锁定参数。

制作好一个底纹图案后，可以进行保存。单击"底纹库"选项右侧的按钮，弹出"保存底纹为"对话框。如图 3-211 所示。在对话框的"底纹名称"选项中输入名称，在"库名称"选项中指定样式组，设置好参数后，单击"确定"按钮，将制作好的底纹图案保存。需要使用时可以直接在"底纹库"中调用。

图 3-210   图 3-211

在"底纹库"的样式组中选中要删除的底纹图案，单击"底纹库"选项右侧的■按钮，弹出"底纹填充"提示框，如图 3-212 所示，单击"确定"按钮，将选中的底纹图案删除。

在"底纹填充"对话框中，单击"选项"按钮，弹出"底纹选项"对话框，如图 3-213 所示。

图 3-212   图 3-213

在对话框中的"位图分辨率"选项中可以设置位图分辨率的大小。

在"底纹尺寸限度"设置区中可以设置"最大平铺宽度"的大小。"最大位图尺寸"将根据位图分辨率和最大平铺宽度的大小，由软件本身计算出来。

位图分辨率和最大平铺宽度越大，底纹所占用的系统内存就越多，填充的底纹图案就越精细。最大位图尺寸值越大，底纹填充所占用的系统资源就越多。

在"底纹填充"对话框中，单击"平铺"按钮，弹出"平铺"对话框，如图 3-214 所示。在对话框中可以设置底纹的"原点"、"大小"、"变换"和"行或列位移"选项，也可以选择"将填充与对象一起变换"复选框和"镜像填充"复选框。

选择"交互式填充"工具，弹出其属性栏，选择"底纹填充"选项，单击属性栏中的"填充下拉式"图标，在弹出的"填充底纹"下拉列表中可以选择底纹填充的样式，如图 3-215 所示。

图 3-214   图 3-215

提　示　　底纹填充会增加文件的大小，并使操作的时间增长，在对大型的图形对象使用底纹填充时要慎重。

3.3.5　【实战演练】绘制时尚立体插画

使用矩形工具和图样填充对话框工具制作背景效果。使用矩形工具、轮廓笔工具和均匀填充对话框工具制作装饰矩形。使用矩形工具、立体化工具、拆分工具、渐变填充对话框工具和交互式阴影工具制作立体效果。（最终效果参看光盘中的"Ch03 > 效果 > 绘制时尚立体插画"，见图 3-216。）

图 3-216

3.4　综合演练——绘制乡村插画

使用贝塞尔工具和填充工具绘制雪山。使用贝塞尔工具和矩形工具绘制道路和山洞。使用椭圆形工具和移除前面对象命令绘制月亮。使用文本工具添加文字。（最终效果参看光盘中的"Ch03 > 效果 > 绘制乡村插画"，见图 3-217。）

图 3-217

3.5　综合演练——绘制水上派对插画

使用贝塞尔工具、轮廓图工具和渐变填充工具绘制小船图形。使用贝塞尔工具绘制水宝宝图形。（最终效果参看光盘中的"Ch03 > 效果 > 绘制水上派对插画"，见图 3-218。）

图 3-218

第4章 书籍装帧设计

精美的书籍装帧设计可以使读者享受到阅读的愉悦。书籍装帧整体设计所考虑的项目包括开本设计、封面设计、版本设计、使用材料等内容。本章以多个类别的书籍封面为例，介绍书籍封面的设计方法和制作技巧。

课堂学习目标

- 了解书籍装帧设计的概念
- 了解书籍装帧的主体设计要素
- 掌握书籍封面的设计思路和过程
- 掌握书籍封面的制作方法和技巧

4.1 制作城市摄影家书籍

4.1.1 【案例分析】

本案例制作的是一本摄影类书籍的装帧设计。书的内容讲解的是城市摄影知识，在封面设计上要用最形象、最易被视觉接受的形式展现出书籍的相关知识。整体设计要求构思新颖，有感染力。

4.1.2 【设计理念】

在设计制作过程中，使用黑色的背景给人厚重和紧致感，起到衬托的效果。下方的城市图片打破画面的紧致感，使其丰富多彩，起到了宣传的作用。浅色的文字醒目突出，辨识度强。整体设计构思精巧，让人印象深刻。（最终效果参看光盘中的"Ch04 > 效果 > 制作城市摄影家书籍，见图4-1。）

图4-1

4.1.3 【操作步骤】

步骤 1 按 Ctrl+N 组合键，新建一个 A4 页面。双击"矩形"工具，绘制一个与页面大小相等的矩形，填充图形为黑色，并去除图形的轮廓线，效果如图4-2所示。

步骤 2 选择"箭头形状"工具，单击属性栏中的"完美形状"按钮，在弹出的下拉列表中选择需要的图标，如图 4-3 所示。按住 Ctrl 键的同时，在页面中左上方绘制出箭头图形，设置图形颜色的 CMYK 值为 0、0、0、20，填充图形，并去除图形的轮廓线，效果如图 4-4 所示。

图 4-2　　　　　　　　　　图 4-3　　　　　　　　　　图 4-4

步骤 3 选择"文本"工具 字，在页面中适当的位置输入需要的文字。选择"挑选"工具 ，在属性栏中选择合适的字体并设置文字大小，设置文字颜色的 CMYK 值为 0、20、20、40，填充文字，效果如图 4-5 所示。选择"形状"工具 ，选取需要的文字，向左拖曳文字下方的 图标，适当调整字距，效果如图 4-6 所示。

图 4-5　　　　　　　　　　　　　　　　图 4-6

步骤 4 选择"挑选"工具 ，按住 Shift 键的同时，选取需要的文字与图形，如图 4-7 所示。选择"排列 > 对齐和分布 > 顶端对齐"命令，对齐效果如图 4-8 所示。

图 4-7　　　　　　　　　　　　　　　　图 4-8

步骤 5 选择"文本"工具 字，在页面中输入需要的文字。选择"挑选"工具 ，在属性栏中选择合适的字体并设置文字大小，设置文字颜色的 CMYK 值为 0、0、0、20，填充文字，效果如图 4-9 所示。单击属性栏中的"粗体"按钮 B，将文字进行加粗，效果如图 4-10 所示。选择"形状"工具 ，向左拖曳文字下方的 图标，适当调整字间距，效果如图 4-11 所示。

图 4-9　　　　　　　　　图 4-10　　　　　　　　　图 4-11

步骤 6 选择"挑选"工具 ，按住 Shift 键的同时，选取需要的文字，如图 4-12 所示，选择"排列 > 对齐和分布 > 左对齐"命令，对齐效果如图 4-13 所示。

图 4-12　　　　　　　　　　　图 4-13

步骤 7 选择"文本"工具 [字]，在页面中分别输入需要的文字。选择"挑选"工具 [R]，在属性栏中分别选择合适的字体并分别设置文字大小，设置文字颜色的 CMYK 值为 0、0、0、20，填充文字，效果如图 4-14 所示。

步骤 8 选择"挑选"工具 [R]，按住 Shift 键的同时，选取需要的文字。如图 4-15 所示，选择"排列 > 对齐和分布 > 左对齐"命令，对齐效果如图 4-16 所示。

图 4-14　　　　　　　　图 4-15　　　　　　　　图 4-16

步骤 9 选择"矩形"工具 [□]，按住 Ctrl 键的同时，在页面中适当的位置绘制一个矩形，如图 4-17 所示。按 F12 键，弹出"轮廓笔"对话框，在"颜色"选项中设置轮廓线颜色的 CMYK 值为 0、0、0、20，其他选项的设置如图 4-18 所示。单击"确定"按钮，效果如图 4-19 所示。选择"形状"工具 [R]，拖曳节点调整其圆滑程度，效果如图 4-20 所示。

图 4-17　　　　　　　图 4-18　　　　　　　图 4-19　　　　　　　图 4-20

步骤 10 选择"椭圆形"工具 [○]，按住 Ctrl 键的同时，在页面中绘制一个圆形，设置图形颜色的 CMYK 值为 0、0、0、20，填充图形，并去除图形的轮廓线，效果如图 4-21 所示。选择"挑选"工具 [R]，选取需要的圆形，按 3 次数字键盘上的+键复制 3 个圆形，并分别将其拖曳到适当的位置，如图 4-22 所示。

图 4-21　　　　　　　　　　图 4-22

步骤 11 按住 Shift 键的同时，选取 4 个圆形，单击属性栏中的"对齐和分布"按钮 ，在弹出的对话框中进行设置，如图 4-23 所示。单击"应用"按钮，效果如图 4-24 所示。

图 4-23   图 4-24

步骤 12 单击"分布"选项卡，显示"分布"对话框，选项的设置如图 4-25 所示。单击"应用"按钮，效果如图 4-26 所示。

图 4-25   图 4-26

步骤 13 选择"挑选"工具 ，选取需要的圆形，多次按数字键盘上的+键复制 4 个图形，如图 4-27 所示。按住 Shift 键的同时，选取 4 个复制的图形，如图 4-28 所示。单击属性栏中的"对齐和分布"按钮 ，在弹出的对话框中单击"分布"选项卡，显示"分布"对话框，设置如图 4-29 所示。单击"应用"按钮，效果如图 4-30 所示。

图 4-27   图 4-28   图 4-29   图 4-30

步骤 14 选择"挑选"工具 ，按住 Shift 键的同时，选取所有的圆形，按 Ctrl+G 组合键将其群组，并拖曳到适当的位置，如图 4-31 所示。按住 Shift 键的同时，选取圆角矩形，单击属性栏中的"对齐和分布"按钮 ，在弹出的对话框中进行设置，如图 4-32 所示。单击"应用"按钮，效果如图 4-33 所示。

步骤 15 选择"文本"工具 ，在页面中输入需要的文字。选择"挑选"工具 ，在属性栏中选择合适的字体并设置文字大小，设置文字颜色的 CMYK 值为 0、0、0、20，填充文字，效果如图 4-34 所示。

图 4-31　　　　　　　　图 4-32　　　　　　　　图 4-33　　　　　　图 4-34

步骤 16 选择"椭圆形"工具 ◯，按住 Ctrl 键的同时绘制一个圆形，设置图形颜色的 CMYK 值为 0、0、0、20，填充图形，并去除图形的轮廓线，效果如图 4-35 所示。选择"挑选"工具 ▷，按两次数字键盘上的+键复制两个圆形，并分别拖曳至适当的位置，效果如图 4-36 所示。按住 Shift 键的同时，选取 3 个圆形，选择"排列 > 对齐和分布 > 垂直居中对齐"命令，效果如图 4-37 所示。按 Ctrl+G 组合键将其群组。

图 4-35　　　　　　　　图 4-36　　　　　　　　图 4-37

步骤 17 选择"挑选"工具 ▷，多次按数字键盘上的+键复制多个图形，并分别拖曳到适当的位置，效果如图 4-38 所示。按住 Shift 键的同时，选取需要的图形，如图 4-39 所示。选择"排列 > 对齐和分布 > 水平居中对齐"命令，效果如图 4-40 所示。用上述方法绘制其他圆形，并与群组图形底对齐，效果如图 4-41 所示。

图 4-38　　　　　　　　　　　　　　　　图 4-39

图 4-40　　　　　　　　　　　　　　　　图 4-41

步骤 18 选择"矩形"工具 ▢，绘制一个矩形，如图 4-42 所示。按 Ctrl+I 组合键，弹出"导入"对话框，选择光盘中的"Ch04 > 素材 > 制作城市摄影家书籍封面 > 01"文件，单击"导入"按钮，在页面中适当的位置单击导入图片，并适当调整其大小，效果如图 4-43 所示。按 Ctrl+PageDown 组合键，将图像置后一层，效果如图 4-44 所示。

图 4-42　　　　　图 4-43　　　　　图 4-44

步骤 19 选择"效果 > 图框精确剪裁> 放置在容器中"命令，鼠标光标变成黑色箭头，将箭头放在容器对象内并单击鼠标左键，如图 4-45 所示。将图片置入矩形框中，去除图形的轮廓线，效果如图 4-46 所示。

图 4-45　　　　　　　　图 4-46

步骤 20 选择"文本"工具 字，在页面中输入需要的文字。选择"挑选"工具 ▢，在属性栏中选择合适的字体并设置文字大小，填充文字为白色，效果如图 4-47 所示。选择"形状"工具 ▢，向右拖曳文字下方的 ‖▷ 图标，调整文字的字距，效果如图 4-48 所示。

步骤 21 选择"挑选"工具 ▢，选取需要的文字。选择"排列 > 对齐和分布 > 在页面水平居中"命令，对齐效果如图 4-49 所示。

图 4-47　　　　　　　　图 4-48

图 4-49

步骤 22 选择"编辑 > 插入条形码"命令，在弹出的对话框中进行设置，如图 4-50 所示。单击"下一步"按钮，切换到相应的对话框，选项的设置如图 4-51 所示。单击"下一步"按钮，切换到相应的对话框，选项的设置如图 4-52 所示。单击"完成"按钮，效果如图 4-53 所示。

图 4-50

图 4-51

图 4-52

图 4-53

步骤 23 选择"挑选"工具 🔍，将条形码拖曳至页面中的适当位置，再次单击条形码，使其处于旋转状态，拖曳鼠标旋转到适当的角度，如图 4-54 所示。选择"效果 > 图框精确剪裁 > 放置在容器中"命令，鼠标光标变成黑色箭头，在黑色背景上单击，如图 4-55 所示。按 Esc 键取消图形的选取状态，城市摄影家书籍封面制作完成，效果如图 4-56 所示。

图 4-54

图 4-55

图 4-56

4.1.4 【相关工具】

1. 输入横排文字和直排文字

选中文本，如图 4-57 所示。在"文本"属性栏中，单击"将文本更高为水平方向"按钮 ≣ 或"将文本更改为垂直方向"按钮 �📖，可以水平或垂直排列文本，效果如图 4-58 所示。

选择"文本 > 段落格式化"命令，弹出"段落格式化"对话框，在"文字方向"设置区的

"方向"选项中选择文本的排列方向，如图 4-59 所示，设置好后，可以改变文本的排列方向。

图 4-57　　　　　　　　　图 4-58　　　　　　　　　图 4-59

2. 导入位图

选择"文件 > 导入"命令，或按 Ctrl+I 组合键，弹出"导入"对话框，在对话框中的"查找范围"列表框中选择需要的文件夹，在文件夹中选中需要的位图文件，如图 4-60 所示。

图 4-60

选中需要的位图文件后，单击"导入"按钮，鼠标的光标变为 ⌐ₒₒ.ⱼₚₒ 形状，如图 4-61 所示。在绘图页面中单击鼠标左键，位图被导入到绘图页面中，如图 4-62 所示。

图 4-61　　　　　　　　　　　　　图 4-62

3. 编辑导入的位图

在"导入"对话框中的 全图像 上单击鼠标左键，弹出其下拉列表，如图 4-63 所示。在下拉列表中可以选择导入位图时执行的操作，系统默认的选项是"全图像"，选择它将导入整个位图图像。

◎ **裁剪位图**

在"导入"对话框中的 全图像 上单击，弹出其下拉列表，在下拉列表中选择"裁剪"选项，并选中需要的位图文件。"导入"对话框如图 4-64 所示。

图 4-63　　　　　　　　　　图 4-64

设置完毕，单击"导入"按钮，弹出"裁剪图像"对话框，如图 4-65 所示。用鼠标拖曳图像上的控制点可以控制图像的裁剪范围。在"选择要裁剪的区域"设置区的各项中输入数值，可以精确地裁剪位图。设置完毕，单击"确定"按钮。鼠标的光标变为 形状，在绘图页面中按住鼠标左键并向对角线方向拖曳光标到适当的位置，松开鼠标左键，裁剪后的位图将按光标拖曳的尺寸导入到绘图页面中，效果如图 4-66 所示。

◎ **重新取样位图**

在"导入"对话框中的 全图像 上单击鼠标左键，弹出其下拉列表，在下拉列表中选择"重新取样"选项，并选中需要的位图文件。"导入"对话框如图 4-67 所示。

图 4-65　　　　　　图 4-66　　　　　　　　　　图 4-67

设置完毕，单击"导入"按钮，弹出"重新取样图像"对话框，如图 4-68 所示。在对话框中可以重新设置导入对象的尺寸、改变对象的分辨率等。重新取样的目的就是在位图导入到绘图页面前，对位图文件的大小和显示质量进行控制。

设置完毕，单击"确定"按钮。鼠标的光标变为 形状，在绘图页面中单击鼠标左键，重新取样后的位图被导入到绘图页面中，效果如图 4-69 所示。

图 4-68   图 4-69

◎ 外部连接位图

导入位图会使文件加大，如果有多个位图被导入，文件会非常大。如果文件太大，会影响打开文件的时间和屏幕的刷新速度，降低工作效率。下面介绍这个问题的具体的解决方法。

在"导入"对话框中选中 ☑外部链接位图(E) 复选框，如图 4-70 所示。

图 4-70

选中 ☑外部链接位图(E) 复选框后，位图导入时，就会使用链接的方法将位图保留在绘图文件中。这时，在绘图页面中出现的位图其实是其他文件夹中的图像文件的缩略形式。当打开 CorelDRAW X4 的文件时，文件会自动链接去找到导入的位图并将其显示出来。

提 示　当使用 CorelDRAW X4 的文件出片时，一定要将导入位图的文件和 CorelDRAW X4 的文件一起复制到磁盘中。否则，CorelDRAW X4 的文件通过自动链接将找不到导入的位图文件，也就不能显示导入的位图。

4. 裁切位图

使用"形状"工具 ，可以对导入后的位图进行裁切。下面介绍具体的操作方法。

导入一张位图到绘图页面中，效果如图 4-71 所示。选择"形状"工具 ，单击位图，位图的周围出现 4 个节点，用光标拖曳节点，可以裁切位图，效果如图 4-72 所示。裁切的位图可以是不规则的形状，如图 4-73 所示。

导入一张位图到绘图页面中，选择"形状"工具 ，单击位图，位图的周围出现 4 个节点，在控制线上双击鼠标左键，可以增加节点，效果如图 4-74 所示。再单击属性栏中的 按钮，转换直线为曲线，用光标拖曳节点，裁切位图，效果如图 4-75 所示。裁切的位图可以有弧形效果，如图 4-76 所示。

图 4-71　　　　　　　图 4-72　　　　　　　图 4-73

图 4-74　　　　　　　图 4-75　　　　　　　图 4-76

5. 转换为位图

CorelDRAW X4 提供了将矢量图形转换为位图的功能。下面介绍具体的操作方法。

打开一个矢量图形并保持其选取状态，选择"位图 > 转换为位图"命令，弹出"转换为位图"对话框，如图 4-77 所示。

颜色模式：在弹出的下拉列表中选择要转换的色彩模式。

分辨率：在弹出的下拉列表中选择要转换为位图的分辨率。

光滑处理：可以在转换成位图后消除位图的锯齿。

透明背景：可以在转换成位图后保留原对象的通透性。

图 4-77

6. 调整位图的颜色

CorelDRAW X4 可以对导入的位图进行颜色的调整，下面介绍具体的操作方法。

选中导入的位图，选择"效果 > 调整"子菜单下的命令，如图 4-78 所示，选择其中的命令，在弹出的对话框中可以对位图的颜色进行各种方式的调整。

选择"效果 > 变换"子菜单下的命令，如图 4-79 所示，在弹出的对话框中也可以对位图的颜色进行调整。

图 4-78

图 4-79

7. 位图色彩模式

位图导入后，选择"位图 > 模式"子菜单下的各种色彩模式，可以转换位图的色彩模式，如图 4-80 所示。不同的色彩模式会以不同的方式对位图的颜色进行分类和显示。

◎ 黑白模式

选中导入的位图，选择"位图 > 模式 > 黑白"命令，弹出"转换为 1 位"对话框，如图 4-81 所示。

图 4-80

图 4-81

在对话框中上方的导入位图预览框上单击鼠标左键，可以放大预览图像，单击鼠标右键，可以缩小预览图像。

在对话框中"转换方法"列表框上单击鼠标左键，弹出下拉列表，可以在下拉列表中选择其他的转换方法。拖曳"选项"设置区中的"阈值"滑块，可以设置转换的强度。

在对话框中"转换方法"列表框的下拉列表选择不同的转换方法，可以使黑白位图产生不同的效果。设置完毕，单击"预览"按钮，可以预览设置的效果，单击"确定"按钮，效果如图 4-82 所示。

| (a) 原图效果 | (b) 线条图 | (c) 顺序 | (d) Jarvis |

| (e) Stucki | (f) Floyd-Steinberg | (g) 半色调 | (h) 基数分布 |

图 4-82

提 示 "黑白"模式只能用 1bit 的位分辨率来记录它的每一个像素，而且只能显示黑白两色，所以是最简单的位图模式。

◎ 灰度模式

选中导入的位图，如图 4-83 所示。选择"位图 > 模式 > 灰度"命令，位图将转换为 256 灰度模式，如图 4-84 所示。

图 4-83

图 4-84

位图转换为 256 灰度模式后，效果和黑白照片的效果类似，位图被不同灰度填充并失去了所有的颜色。

◎ 双色模式

选中导入的位图，如图 4-85 所示。选择"位图 > 模式 > 双色"命令，弹出"双色调"对话框，如图 4-86 所示。

图 4-85

图 4-86

在对话框中"类型"选项的列表框上单击鼠标左键，弹出下拉列表，可以在下拉列表中选择其他的色调模式。

单击"载入"按钮，在弹出的对话框中可以将原来保存的双色调效果载入。单击"保存"按钮，在弹出的对话框中可以将设置好的双色调效果保存。

拖曳右侧显示框中的曲线，可以设置双色调的色阶变化。

在双色调的色标 ▢ PANTONE Process Yellow C 上双击鼠标左键，如图 4-87 所示，弹出"选择颜色"对话框。在"选择颜色"对话框中选择要替换的颜色。如图 4-88 所示，单击"确定"按钮，将双色调的颜色替换，如图 4-89 所示。

设置完毕，单击"预览"按钮，可以预览双色调设置的效果，单击"确定"按钮，双色调位图的效果如图 4-90 所示。

图 4-87

图 4-88

图 4-89

图 4-90

◎ 调色板模式

选中导入的位图，选择"位图 > 模式 > 调色板"命令，弹出"转换至调色板色"对话框，如图 4-91 所示。

在对话框中，拖曳"平滑"滑块，可以设置位图色彩的平滑程度。在"调色板"选项的列表框上单击，弹出下拉列表，可以在下拉列表中选择调色板的类型。

在"抖动"选项的列表框上单击鼠标左键，弹出下拉列表，可以在下拉列表中选择底色的类型。拖曳"底色强度"滑块，可以设置位图底色的抖动程度。在"颜色"选项的数值框中可以控制色彩数。在"预设"选项的列表框上单击鼠标左键，弹出下拉列表，可以在下拉列表中选择预设的效果。

单击"调色板"选项列表框右侧的"打开"按钮，弹出"打开调色板"对话框，其中可以选择自定义的调色板，

图 4-91

如图 4-92 所示。单击"打开"按钮，"转换至调色板色"对话框的设置如图 4-93 所示。

设置完毕，单击"预览"按钮，可以预览调色板设置的效果，单击"确定"按钮，自定义调色板位图的效果如图 4-94 所示。

图 4-92

图 4-93

图 4-94

4.1.5 【实战演练】制作传统文字书籍封面

使用矩形工具、均匀渐变对话框填充工具和文本工具制作背景效果。使用亮度/对比度/强度命令调整图片的颜色。使用文本工具和段落格式化命令添加并编辑需要的文字。使用交互式阴影工具为文字添加阴影。（最终效果参看光盘中的"Ch04 > 效果 > 制作传统文字书籍封面"，见图 4-95。）

图 4-95

4.2 制作巴厘岛旅游攻略

4.2.1 【案例分析】

本案例是一本旅游类书籍的封面设计。书的内容讲解的是巴厘岛的旅游功略，在封面设计上要通过对书名的设计和风景图片的编排，表现出巴厘岛的美景，营造出放松休闲的氛围。

4.2.2 【设计理念】

在设计过程中，使用绿色的背景营造出安宁、平静的氛围，通过与景色图片的结合展示出景区的美景，一目了然；使用装饰图形突出书籍名称，使读者的视线都集中在书名上，达到宣传的效果；在封底和书脊的设计上巧妙的使用文字和图形组合，增加读者对旅游景区的兴趣，增强读者的购书欲望。（最终效果参看光盘中的"Ch04 > 效果 > 制作巴厘岛旅游攻略"，见图 4-96。）

图 4-96

4.2.3 【操作步骤】

1. 制作书籍正面背景图形

步骤 1 按 Ctrl+N 组合键，新建一个页面。在属性栏的"纸张宽度和高度"选项中分别设置宽度为 351mm，高度为 246mm，按 Enter 键，页面尺寸显示为设置的大小。

步骤 2 选择"视图 > 标尺"命令。在视图中显示标尺，从左侧标尺上拖曳出一条辅助线，并将其拖曳到 3mm 的位置。用相同的方法，分别在 169mm、181mm、348mm 的位置添加一条辅助线。从上方标尺上拖曳出一条辅助线，并将其拖曳到 243mm 的位置。用相同的方法，在 3mm 的位置上添加一条辅助线，效果如图 4-97 所示。

步骤 3 双击"矩形"工具 □，绘制一个与页面大小相等的矩形，如图 4-98 所示。设置图形填充颜色的 CMYK 值为 60、0、30、0，填充图形，并去除图形的轮廓线，效果如图 4-99 所示。

步骤 4 选择"挑选"工具 ，按数字键盘上的+键复制图形，拖曳上方中间的控制手柄到适当的位置，设置图形填充颜色的 CMYK 值为 0、0、100、0，填充图形，效果如图 4-100 所示。

图 4-97

图 4-98

图 4-99   图 4-100

步骤 5 按 Ctrl+I 组合键，弹出"导入"对话框。选择光盘中的"Ch04 > 素材 > 制作巴厘岛旅游攻略 > 01"文件，单击"导入"按钮，在页面中单击导入图片，并将其拖曳到适当的位置，效果如图 4-101 所示。

步骤 6 选择"交互式透明"工具，在图片上从下向上拖曳光标，为图形添加透明效果。在属性栏中进行设置，如图 4-102 所示。按 Enter 键，效果如图 4-103 所示。

图 4-101   图 4-102   图 4-103

2. 制作标题文字和装饰图形

步骤 1 选择"椭圆形"工具，按住 Ctrl 键的同时，绘制一个圆形，如图 4-104 所示。选择"贝塞尔"工具，绘制一个图形，如图 4-105 所示。选择"挑选"工具，用圈选的方法选取需要的图形，单击属性栏中的"焊接"按钮，将两个图形合并为一个图形，效果如图 4-106 所示。设置图形填充颜色的 CMYK 值为 40、0、20、0，填充图形，并去除图形的轮廓线，效果如图 4-107 所示。

图 4-104   图 4-105   图 4-106   图 4-107

步骤 2 按 F12 键，弹出"轮廓笔"对话框，选项的设置如图 4-108 所示。单击"确定"按钮，效果如图 4-109 所示。

图 4-108

图 4-109

步骤　3　选择"挑选"工具 ，用圈选的方法选取需要的图形，如图 4-110 所示。选择"效果 >
图框精确剪裁 > 放置在容器中"命令，鼠标光标变为黑色箭头，在背景图形上单击，如图
4-111 所示。将图形置入矩形框中，如图 4-112 所示。

图 4-110

图 4-111

图 4-112

步骤　4　选择"文本"工具 ，分别输入需要的文字。选择"挑选"工具 ，分别在属性栏中
选择适当的字体并设置文字大小，效果如图 4-113 所示。选择文字"Traveler"，选择"文本"
工具 ，分别选取需要的文字，填充适当的颜色，效果如图 4-114 所示。按 F12 键，弹出"轮
廓笔"对话框，选项的设置如图 4-115 所示。单击"确定"按钮，效果如图 4-116 所示。

图 4-113

图 4-114

图 4-115

图 4-116

步骤　5　选择"挑选"工具 ，选择文字"开启旅行之门"，填充文字为白色。选择"形状"工
具 ，文字的编辑状态如图 4-117 所示。向右拖曳文字右侧的 图标调整字距，松开鼠标后，
文字效果如图 4-118 所示。

图 4-117　　　　　　　图 4-118

步骤 6 选择"挑选"工具 ，选择文字"巴厘岛"，填充文字为黄色。选择"形状"工具 ，使文字处于编辑状态，向左拖曳文字右侧的 图标调整字距，松开鼠标后，文字效果如图4-119 所示。按 F12 键，弹出"轮廓笔"对话框，在"颜色"选项中设置轮廓线颜色的 CMYK 值为 80、0、60、50，其他选项的设置如图 4-120 所示。单击"确定"按钮，效果如图 4-121 所示。

图 4-119　　　　　　　　　　图 4-120　　　　　　　　　　图 4-121

步骤 7 选择"交互式阴影"工具 。在文字上从上向下拖曳光标，为文字添加阴影效果。在属性栏中进行设置，如图 4-122 所示。按 Enter 键，效果如图 4-123 所示。

图 4-122　　　　　　　　　　　　图 4-123

3. 制作装饰图形并添加内容文字

步骤 1 选择"文本"工具 ，输入需要的文字。选择"挑选"工具 ，在属性栏中选择适当的字体并设置文字大小，效果如图 4-124 所示。选择"形状"工具 ，文字的编辑状态如图 4-125 所示。向下拖曳文字下方的 图标调整行距，松开鼠标后，文字效果如图 4-126 所示。

图 4-124　　　　　　　图 4-125　　　　　　图 4-126

步骤 2 选择"文本 > 插入符号字符"命令，弹出"插入字符"对话框，在对话框中按需要进行设置并选择需要的字符，如图 4-127 所示。单击"插入"按钮，将字符插入，拖曳到适当的位置并调整其大小，效果如图 4-128 所示。设置字符填充颜色的 CMYK 值为 0、100、100、0，填充字符，并去除字符的轮廓线，效果如图 4-129 所示。

图 4-127　　　　图 4-128　　　　图 4-129

步骤 3　选择"文本"工具 字，单击"将文本更改为垂直方向"按钮 ⅢⅢ，分别输入需要的文字。选择"挑选"工具 ，分别在属性栏中选择合适的字体并设置文字大小和角度，效果如图 4-130 所示。用圈选的方法选取需要的文字，在"CMYK 调色板"中的"黄"色块上单击鼠标，填充文字，效果如图 4-131 所示。

图 4-130　　　　　　图 4-131

步骤 4　选择"贝塞尔"工具 ，绘制一个图形。设置填充颜色的 CMYK 值为 40、0、20、0，填充图形，并去除图形的轮廓线，效果如图 4-132 所示。用相同的方法再绘制一个图形，并填充相同的颜色，效果如图 4-133 所示。

步骤 5　按 Ctrl+I 组合键，弹出"导入"对话框。选择光盘中的"Ch04 > 素材 > 制作巴厘岛旅游攻略 > 02"文件，单击"导入"按钮，在页面中单击导入图片，并将其拖曳到适当的位置，效果如图 4-134 所示。

图 4-132　　　　图 4-133　　　　图 4-134

步骤 6 按 Ctrl+I 组合键，弹出"导入"对话框。选择光盘中的"Ch04 > 素材 > 制作巴厘岛旅游攻略 > 03、04"文件，单击"导入"按钮，在页面中分别单击导入图片，并将其拖曳到适当的位置，效果如图 4-135 所示。

步骤 7 选择"文本"工具 [字]，单击"将文本更改为水平方向"按钮 [三]，分别输入需要的文字。选择"挑选"工具 [ℝ]，分别在属性栏中选择合适的字体并设置文字大小，填充适当的颜色，效果如图 4-136 所示。

图 4-135　　　　　　　　　　　图 4-136

步骤 8 选择"挑选"工具 [ℝ]，用圈选的方法选取需要的文字。按 F12 键，弹出"轮廓笔"对话框，选项的设置如图 4-137 所示。单击"确定"按钮，效果如图 4-138 所示。

图 4-137　　　　　　　　　　　图 4-138

步骤 9 选择"文本 > 插入符号字符"命令，弹出"插入字符"对话框，在对话框中按需要进行设置并选择需要的字符，如图 4-139 所示。单击"插入"按钮，插入字符，拖曳到适当的位置并调整其大小，效果如图 4-140 所示。

图 4-139　　　　　　　　　　　图 4-140

步骤 10 选择"文本"工具 $\boxed{字}$ ，分别输入需要的文字。选择"挑选"工具 $\boxed{\cdot}$ ，分别在属性栏中选择合适的字体并设置文字大小，效果如图 4-141 所示。选择文字"Literature Publishing House"。选择"形状"工具 $\boxed{\cdot}$ ，文字的编辑状态如图4-142所示，向左拖曳文字右方的 ⫿⫿ 图标调整字距，松开鼠标后，文字效果如图 4-143 所示。选择"手绘"工具 $\boxed{\cdot}$ ，按住 Ctrl 键的同时，绘制一条直线，效果如图 4-144 所示。

图 4-141

图 4-142

图 4-143

图 4-144

4. 制作书籍背面图形和文字

步骤 1 选择"矩形"工具 $\boxed{\square}$ ，绘制一个矩形，填充图形为白色，并去除图形的轮廓线，效果如图 4-145 所示。

步骤 2 按 Ctrl+I 组合键，弹出"导入"对话框。选择光盘中的"Ch04 > 素材 > 制作巴厘岛旅游攻略 > 05"文件，单击"导入"按钮，在页面中单击导入图片，并将其拖曳到适当的位置，效果如图 4-146 所示。按 Ctrl+PageDown 组合键，将图片向后移动一层，效果如图 4-147 所示。

图 4-145

图 4-146

图 4-147

步骤 3 选择"效果 > 图框精确剪裁 > 放置在容器中"命令，鼠标光标变为黑色箭头，在白色矩形上单击，如图 4-148 所示。将图片置入矩形框中，如图 4-149 所示。

图 4-148

图 4-149

步骤 4 按 F12 键，弹出"轮廓笔"对话框，选项的设置如图 4-150 所示。单击"确定"按钮，效果如图 4-151 所示。

图 4-150

图 4-151

步骤 5 选择"交互式阴影"工具 ▣。在图形上从上向下拖曳光标，为文字添加阴影效果。在属性栏中进行设置，如图 4-152 所示。按 Enter 键，效果如图 4-153 所示。

图 4-152

图 4-153

步骤 6 选择"文本"工具 字，输入需要的文字。选择"挑选"工具 ，在属性栏中选择合适的字体并设置文字大小，效果如图 4-154 所示。选择"形状"工具 ，文字的编辑状态如图 4-155 所示，向下拖曳文字下方的 ≢ 图标调整行距，松开鼠标后，文字效果如图 4-156 所示。

图 4-154

图 4-155

图 4-156

步骤 7 选择"文本"工具 字，分别选取需要的文字，填充适当的颜色，效果如图 4-157 所示。输入需要的文字，选择"挑选"工具 ，在属性栏中选择合适的字体并设置文字大小，填充文字为白色，效果如图 4-158 所示。在"CMYK 调色板"中的"黑"色块上单击鼠标右键，为文字添加轮廓线，效果如图 4-159 所示。

图 4-157

图 4-158

图 4-159

步骤 8 按 Ctrl+I 组合键，弹出"导入"对话框。选择光盘中的"Ch04 > 素材 > 制作巴厘岛旅游攻略 > 06"文件，单击"导入"按钮，在页面中单击导入图片，并将其拖曳到适当的位置，效果如图 4-160 所示。

步骤 9 选择"文本"工具 字，输入需要的文字。选择"挑选"工具，在属性栏中选择合适的字体并设置文字大小，效果如图 4-161 所示。选择"形状"工具，将文字处于编辑状态，向下拖曳文字下方的 图标调整行距，松开鼠标后，文字效果如图 4-162 所示。

图 4-160

图 4-161

图 4-162

5. 制作书籍图形和文字

步骤 1 选择"矩形"工具，绘制一个矩形。设置填充颜色的 CMYK 值为 40、100、0、0，并去除图形的轮廓线，效果如图 4-163 所示。连续多次按数字键盘上的+键复制矩形，并分别拖曳到适当的位置，填充适当的颜色，效果如图 4-164 所示。

步骤 2 选择"文本"工具 字，单击"将文本更改为垂直方向"按钮，分别输入需要的文字。选择"挑选"工具，分别在属性栏中选择合适的字体并设置文字大小，填充适当的颜色，效果如图 4-165 所示。

步骤 3 选择"挑选"工具，选择文字"巴厘岛"。按 F12 键，弹出"轮廓笔"对话框，在"颜色"选项中设置轮廓线颜色的 CMYK 值为 80、0、60、50，其他选项的设置如图 4-166 所示。单击"确定"按钮，效果如图 4-167 所示。

图 4-163　　图 4-164　图 4-165

图 4-166

图 4-167

步骤 4 选择"文本"工具 字，单击"将文本更改为水平方向"按钮，输入需要的文字。选择"挑选"工具，在属性栏中选择合适的字体并设置文字大小和角度，填充文字为白色，效果如图 4-168 所示。

步骤 5 选择"文本"工具 字，单击"将文本更改为垂直方向"按钮 ，分别输入需要的文字。选择"挑选"工具 ，分别在属性栏中选择合适的字体并设置文字大小，填充适当的颜色，效果如图 4-169 所示。

步骤 6 选择"挑选"工具 ，选取书籍正面需要的图形。按数字键盘上的+键复制图形，并调整其位置和大小，效果如图 4-170 所示。巴厘岛旅游攻略制作完成，效果如图 4-171 所示。

图 4-168　　图 4-169　　图 4-170　　　　　　　　　图 4-171

4.2.4 【相关工具】

输入美术字文本或段落文本，效果如图 4-172 所示。使用"形状"工具 选中文本，文本的节点将处于编辑状态，如图 4-173 所示。

图 4-172　　　　　　　　　　　图 4-173

用光标拖曳 图标，可以调整文本中字符和字符的间距，拖曳 图标，可以调整文本中行的间距，如图 4-174 所示。使用键盘上的方向键，可以对文本进行微调。按住 Shift 键，将段落中第二行文字左下角的节点全部选中，如图 4-175 所示。

图 4-174　　　　　　　　　　　图 4-175

将光标放在黑色的节点上并拖曳鼠标，如图 4-176 所示。可以将第二行文字移动到需要的位置，效果如图 4-177 所示。使用相同的方法可以对单个字进行移动调整。

图 4-176　　　　　　　　　图 4-177

提　示　　单击"文本"属性栏中的"字符格式化"按钮，弹出"字符格式化"对话框，在"字距调整范围"选项的数值框中可以设置字符的间距。选择"文本 > 段落格式化"命令，弹出"段落格式化"对话框，在"段落与行"设置区的"行距"选项中可以设置行的间距，用来控制段落中行与行间的距离。

4.2.5　【实战演练】制作女性养生堂书籍封面

使用手绘工具、交互式调和工具和图框精确剪裁命令制作背景效果。使用文本工具和渐变填充对话框工具制作文字效果。使用手绘工具和椭圆形工具绘制装饰图形。（最终效果参看光盘中的"Ch04 > 效果 > 制作女性养生堂书籍封面"，见图 4-178。）

图 4-178

4.3　综合演练——制作倍速学习法书籍封面

使用矩形工具、手绘工具、交互式调和工具、图框精确剪裁命令制作背景效果。使用椭圆形工具、交互式轮廓图工具和交互式阴影工具制作书籍装饰图形。使用椭圆形工具和合并命令制作云朵图形。使用文本工具、交互式轮廓图工具和交互式阴影工具制作文字效果。使用形状工具调整文字的间距。（最终效果参看光盘中的"Ch04 > 效果 > 制作倍速学习法书籍封面"，见图 4-179。）

图 4-179

4.4 综合演练——制作古城风景书籍封面

　　使用辅助线命令添加辅助线。使用交互式透明工具制作背景图片。使用文本工具和交互式阴影工具制作文字效果。使用钢笔工具和文本工具制作图章。使用椭圆形工具和交互式透明工具制作装饰图形。使用插入条码命令制作书籍条形码。（最终效果参看光盘中的"Ch04 > 效果 > 制作古城风景书籍封面"，见图 4-180。）

图 4-180

第5章 杂志设计

杂志是比较专项的宣传媒介之一，它具有目标受众准确、实效性强、宣传力度大、效果明显等特点。时尚生活类杂志的设计可以轻松活泼、色彩丰富。版式内的图文编排可以灵活多变，但要注意把握风格的整体性。本章以多个杂志栏目为例，讲解杂志的设计方法和制作技巧。

 课堂学习目标

- 了解杂志设计的特点和要求
- 了解杂志设计的主要设计要素
- 掌握杂志栏目的设计思路和过程
- 掌握杂志栏目的制作方法和技巧

5.1 制作旅游杂志封面

5.1.1 【案例分析】

本案例是一本为即将去旅行的人们制作的旅行类杂志。杂志主要介绍的是旅行的相关景区、重要景点、主要节庆日等信息。本杂志在封面设计上，要体现出旅行生活的多姿多彩，让人在享受旅行生活的同时感受大自然的美。

5.1.2 【设计理念】

在设计制作中，首先用迷人的自然风景照片作为杂志封面的背景，表现出旅游景区的真实美景。通过对杂志名称的艺术化处理，给人强烈的视觉冲击力，醒目直观又不失活泼感。通过不同样式的栏目标题展示出多姿多彩的旅行生活，给人无限的想象空间，产生积极参与的欲望。封面中文字与图形的编排布局相对集中紧凑，使页面布局合理有序。（最终效果参看光盘中的"Ch05 > 效果 > 制作旅游杂志封面"，见图5-1。）

图5-1

5.1.3 【操作步骤】

1. 制作杂志标题

步骤 1 选择"文件 > 打开"命令，弹出"打开绘图"对话框。选择光盘中的"Ch05 > 素材 > 制作旅游杂志封面 > 01"文件，单击"打开"按钮，效果如图 5-2 所示。

步骤 2 选择"文本"工具 字，分别输入需要的文字。选择"挑选"工具 ，分别在属性栏中选择合适的字体并设置文字大小。将文字颜色的 CMYK 值设置为 0、100、100、0，填充文字，效果如图 5-3 所示。选择"挑选"工具 ，选择文字"Enjoy Travel"。在属性栏中单击"粗体"按钮 B 和"斜体"按钮 ，效果如图 5-4 所示。

图 5-2

图 5-3　　　　　　　　图 5-4

步骤 3 选择"文本 > 段落格式化"命令，弹出"段落格式化"面板，选项的设置如图 5-5 所示。按 Enter 键，效果如图 5-6 所示。

图 5-5　　　　　　　　图 5-6

步骤 4 选择"挑选"工具 ，用圈选的方法选取所有文字，如图 5-7 所示。向上拖曳下方中间的控制手柄到适当的位置，效果如图 5-8 所示。按 Ctrl+Q 组合键，将文字转换为曲线。

图 5-7　　　　　　　　图 5-8

步骤 5 选择"挑选"工具 ，选择文字"Enjoy Travel"。选择"形状"工具 ，选择需要的节点，如图 5-9 所示，向下拖曳到适当的位置，效果如图 5-10 所示。用相同的方法调整其他文字的节点，效果如图 5-11 所示。

图 5-9　　　　　　图 5-10　　　　　　　　图 5-11

步骤 6 选择"挑选"工具，选择文字"Enjoy Travel"。单击鼠标右键，在弹出的快捷菜单中选择"拆分曲线"命令，文字效果如图 5-12 所示。选择"挑选"工具，按住 Shift 键的同时，选取需要的文字，如图 5-13 所示。按 Shift+PageDown 组合键，将该图形置于所有图形的最下层。

步骤 7 再按住 Shift 键，同时选取需要的图形，如图 5-14 所示。在"CMYK 调色板"中的"白"色块上单击鼠标，填充图形，效果如图 5-15 所示。

图 5-12　　　　　　　　　　　　图 5-13

图 5-14　　　　　　　　　　　　图 5-15

步骤 8 选择"矩形"工具，在页面中绘制一个矩形，填充图形为红色，并去除图形的轮廓线，效果如图 5-16 所示。

步骤 9 选择"挑选"工具，选取需要的图形，如图 5-17 所示。单击属性栏中的"结合"按钮，将两个图形合并为一个图形，效果如图 5-18 所示。将文字"E"和合并图形同时选取，单击属性栏中的"焊接"按钮，将两个图形焊接为一个图形，效果如图 5-19 所示

图 5-16　　　　　　　　　　　　图 5-17

图 5-18　　　　　　　　　　　　图 5-19

步骤 10 选择"挑选"工具，选取所有的文字。拖曳到页面中适当的位置，效果如图 5-20 所示。按 F12 键，弹出"轮廓笔"对话框，将"颜色"选项设为白色，其他选项的设置如图 5-21 所示。单击"确定"按钮，效果如图 5-22 所示。

图 5-20   图 5-21   图 5-22

2. 制作出版刊号

步骤 1 选择"椭圆形"工具 ◯，按住 Ctrl 键的同时，绘制一个圆形，填充图形为黄色，并去除图形的轮廓线，效果如图 5-23 所示。

步骤 2 选择"矩形"工具 ▢，在页面中绘制两个矩形，如图 5-24 所示。选择"挑选"工具 ▷，用圈选的方法选取矩形和圆形。单击属性栏中的"移除前面对象"按钮 ▣ 剪切图形，效果如图 5-25 所示。

图 5-23   图 5-24   图 5-25

步骤 3 选择"文本"工具 ⅀，分别输入需要的文字。选择"挑选"工具 ▷，分别在属性栏中选择合适的字体并设置文字大小，填充适当的颜色，效果如图 5-26 所示。选择文字"2013.10.15"，在属性栏中选择"粗体"按钮 ▣，文字效果如图 5-27 所示。再次单击文字，使文字处于旋转状态，向右拖曳上方中间的控制手柄到适当的位置，效果如图 5-28 所示。

图 5-26   图 5-27   图 5-28

步骤 4 选择"挑选"工具 ▷，选择文字"特刊"。按 F12 键，弹出"轮廓笔"对话框，将"颜色"选项设为白色，其他选项的设置如图 5-29 所示。单击"确定"按钮，效果如图 5-30 所示。

图 5-29   图 5-30

3. 添加栏目标题和内容

步骤 1 选择"文本"工具 字，输入需要的文字。选择"挑选"工具 ，在属性栏中选择合适
的字体并设置文字大小，填充文字为黄色，效果如图 5-31 所示。向左拖曳右侧中间的控制
手柄到适当的位置，效果如图 5-32 所示。将其拖曳到页面中适当的位置，如图 5-33 所示。

图 5-31

图 5-32

图 5-33

步骤 2 选择"矩形"工具 ，在页面中绘制一个矩形，如图 5-34 所示。选择"挑选"工具 ，
用圈选的方法同时选取文字和矩形，单击属性栏中的"移除前面对象"按钮 ，对文字进行
裁切，效果如图 5-35 所示

图 5-34

图 5-35

步骤 3 选择"文本"工具 字，分别输入需要的文字。选择"挑选"工具 ，分别在属性栏中
选择合适的字体并设置文字大小，填充文字为黄色，效果如图 5-36 所示。

步骤 4 选择"椭圆形"工具 ，按住 Ctrl 键的同时，绘制一个圆形，填充图形为黄色，并去
除图形的轮廓线，效果如图 5-37 所示。选择"挑选"工具 ，连续按 3 次数字键盘上的+键
复制 3 个圆形，并分别将其拖曳到适当的位置，效果如图 5-38 所示。

中等职业教育数字艺术类规划教材

图 5-36

图 5-37

图 5-38

步骤 5 选择"文本"工具 字，输入需要的文字。选择"挑选"工具 ，在属性栏中选择合适的字体并设置文字大小，填充文字为白色，效果如图 5-39 所示。选择"文本 > 段落格式化"命令，弹出"段落格式化"面板，选项的设置如图 5-40 所示。按 Enter 键，效果如图 5-41 所示。

图 5-39

图 5-40

图 5-41

步骤 6 选择"矩形"工具 ，在页面中绘制两个矩形，如图 5-42 所示。选择"挑选"工具 ，选取上方的矩形，设置图形颜色的 CMYK 值为 20、80、0、20，填充图形，并去除图形的轮廓线，效果如图 5-43 所示。选择下方的矩形，设置图形颜色的 CMYK 值为 100、0、0、0，填充图形，并去除图形的轮廓线，效果如图 5-44 所示。

图 5-42

图 5-43

图 5-44

步骤 7 选择"文本"工具 字，分别输入需要的文字。选择"挑选"工具 ，分别在属性栏中选择合适的字体并设置文字大小。填充文字为白色，效果如图 5-45 所示。

步骤 8 选择"挑选"工具 ，选择文字"去野象谷……"。选择"文本 > 段落格式化"命令，弹出"段落格式化"面板，选项的设置如图 5-46 所示。按 Enter 键，效果如图 5-47 所示。用相同的方法调整其他文字的行间距，效果如图 5-48 所示。

图 5-45

图 5-46　　　　　　　　　　图 5-47　　　　　　　　　　图 5-48

步骤 9 　选择"文件 > 导入"命令，弹出"导入"对话框。选择光盘中的"Ch5 > 素材 > 制作女性养生堂书籍封面 > 02"文件，单击"导入"按钮，在页面中单击导入图片，并将其拖曳到适当的位置，效果如图 5-49 所示。

步骤 10 　选择"贝塞尔"工具，在页面中适当的位置绘制一个图形，如图 5-50 所示。在"CMYK调色板"中"黄"色块上单击鼠标，填充图形，并去除图形的轮廓线，效果如图 5-51 所示。

图 5-49　　　　　　　　　　图 5-50　　　　　　　　　　图 5-51

步骤 11 　选择"文本"工具，分别输入需要的文字。选择"挑选"工具，分别在属性栏中选择合适的字体并设置文字大小，分别填充适当的颜色，效果如图 5-52所示。

图 5-52

步骤 12 　选择"挑选"工具，选择文字"青海湖"。选择"交互式阴影"工具，在文字上由上向下拖曳光标，为文字添加阴影效果，属性栏中的设置如图 5-53 所示。按 Enter 键，效果如图 5-54 所示。

图 5-53　　　　　　　　　　　　　　　图 5-54

步骤 13 　选择文字"千岛湖"。选择"交互式阴影"工具，在文字上由左向右拖曳光标，为文字添加阴影效果，属性栏中的设置如图 5-55 所示。按 Enter 键，效果如图 5-56 所示。

图 5-55

图 5-56

步骤 14 选择"挑选"工具，选择文字"神龙岛……"。选择"文本 > 段落格式化"命令，弹出"段落格式化"面板，选项的设置如图 5-57 所示。按 Enter 键，效果如图 5-58 所示。

图 5-57

图 5-58

步骤 15 选择"椭圆形"工具，按住 Ctrl 键的同时，绘制一个圆形。设置图形颜色的 CMYK 值为 0、100、100、0，填充图形，并去除图形的轮廓线，效果如图 5-59 所示。连续单击 3 次数字键盘上的+键复制 3 个圆形，并分别拖曳到适当的位置，填充适当的颜色，效果如图 5-60 所示。

步骤 16 选择"挑选"工具，同时选取 4 个圆形，连续按四次 Ctrl+PageDown 组合键，将圆形置于文字下方，效果如图 5-61 所示。

图 5-59

图 5-60

图 5-61

步骤 17 选择"挑选"工具，选择文字"三亚"。按 F12 键，弹出"轮廓笔"对话框。将"颜色"选项设为白色，其他选项的设置如图 5-62 所示。单击"确定"按钮，效果如图 5-63 所示。

图 5-62

图 5-63

步骤 18　选择"矩形"工具，在属性栏中将"圆角半径"选项设为 1，在页面中适当的位置绘制一个圆角矩形。设置图形颜色的 CMYK 值为 0、60、100、0，填充图形，并去除图形的轮廓线，效果如图 5-64 所示。连续单击 3 次数字键盘上的+键复制 3 个圆角矩形，并分别拖曳到适当的位置，填充适当的颜色，效果如图 5-65 所示。

步骤 19　选择"挑选"工具，同时选取 4 个圆角矩形，连续按 4 次 Ctrl+PageDown 组合键，将图形置于文字下方，效果如图 5-66 所示。

图 5-64　　　　　　　　　　　图 5-65　　　　　　　　　　　图 5-66

步骤 20　选择"文本"工具，分别输入需要的文字。选择"挑选"工具，分别在属性栏中选择合适的字体并设置文字大小，分别填充适当的颜色，效果如图 5-67 所示。

步骤 21　选择"挑选"工具，选择文字"每年九月……"。选择"文本 > 段落格式化"命令，弹出"段落格式化"面板，选项的设置如图 5-68 所示。按 Enter 键，效果如图 5-69 所示。

图 5-67　　　　　　　　　　　图 5-68　　　　　　　　　　　图 5-69

步骤 22　选择"贝塞尔"工具，在页面中绘制一个三角形，如图 5-70 所示。设置图形颜色的 CMYK 值为 0、100、0、0，填充图形，并去除图形的轮廓线。选择"交互式透明"工具，在图形中从中心向右下角拖曳光标，为图形添加透明效果。在属性栏中进行设置，如图 5-71 所示。按 Enter 键，效果如图 5-72 所示。

图 5-70　　　　　　　　　　　图 5-71　　　　　　　　　　　图 5-72

步骤 23　选择"文本"工具，输入需要的文字。选择"挑选"工具，在属性栏中选择合适的字体并设置文字大小，调整其角度。将文字颜色的 CMYK 值设置为 100、0、0、0，填充文字，效果如图 5-73 所示。旅游杂志封面制作完成，效果如图 5-74 所示。

图 5-73　　　　　　　　图 5-74

5.1.4 【相关工具】

1. 设置文本嵌线

选中需要处理的文本，如图 5-75 所示。单击"文本"属性栏中的"字符格式化"按钮，弹出"字符格式化"对话框，如图 5-76 所示。

在"字符效果"设置区的"下划线"选项的下拉列表中选择线型，如图 5-77 所示，文本下划线的效果如图 5-78 所示。

图 5-75　　　　　图 5-76　　　　　　　图 5-77　　　　　　　图 5-78

选中需要处理的文本，效果如图 5-79 所示。在"字符效果"设置区的"删除线"选项的下拉列表中选择线型，如图 5-80 所示，文本删除线的效果如图 5-81 所示。

图 5-79　　　　　　　图 5-80　　　　　　　图 5-81

选中需要处理的文本，效果如图 5-82 所示。在"字符效果"设置区的"上划线"选项的下拉列表中选择线型，如图 5-83 所示，文本上划线的效果如图 5-84 所示。

图 5-82　　　　　　　　　　图 5-83　　　　　　　　　　图 5-84

2. 设置文本上下标

选中需要制作上标的文本，如图 5-85 所示。单击"文本"属性栏中的"字符格式化"按钮，弹出"字符格式化"对话框，如图 5-86 所示。

在"字符效果"设置区的"位置"选项的下拉列表中选择"上标"选项，如图 5-87 所示，设置上标的效果如图 5-88 所示。

图 5-85　　　　　　图 5-86　　　　　　图 5-87　　　　　　图 5-88

选中需要制作下标的文本，如图 5-89 所示。在"字符效果"设置区的"位置"选项的下拉列表中选择"下标"选项，如图 5-90 所示，设置下标的效果如图 5-91 所示。

图 5-89　　　　　　　　　图 5-90　　　　　　　　　图 5-91

3. 设置制表位

选择"文本"工具，在绘图页面中绘制一个段落文本框，在上方的标尺上出现多个制表位，如图 5-92 所示。选择"文本 > 制表位"命令，出现"制表位设置"对话框，在对话框中可以进行制表位的设置，如图 5-93 所示。

图 5-92   图 5-93

在数值框中输入数值或调整数值，可以设置制表位的距离，如图 5-94 所示。

在"制表位设置"对话框中，单击"对齐"选项，出现制表位对齐方式下拉列表，可以设置字符出现在制表位上的位置，如图 5-95 所示。

在"制表位设置"对话框中，选中一个制表位，单击"移除"或"全部移除"按钮，可以删除制表位；单击"添加"按钮，可以增加制表位。设置好制表位后，单击"确定"按钮，可以完成制表位的设置。

图 5-94   图 5-95

提 示 在段落文本框中插入光标，在键盘上按 Tab 键，每按一次 Tab 键，插入的光标就会按新设置的制表位移动。

4. 设置制表符

选择"文本"工具，在绘图页面中绘制一个段落文本框，效果如图 5-96 所示。

在上方的标尺上出现多个"L"形滑块，就是制表位，效果如图 5-97 所示。在任意一个制表位上单击鼠标右键，弹出快捷菜单，在快捷菜单中可以选择该制表位的对齐方式，如图 5-98 所示，也可以对网格、标尺和辅助线进行设置。

图 5-96

图 5-97

图 5-98

在上方的标尺上拖曳"L"形滑块，可以将制表位移动到需要的位置，效果如图 5-99 所示。在标尺上的任意位置单击鼠标左键，可以添加一个制表位，效果如图 5-100 所示。将制表位拖放到标尺外，就可以删除该制表位。

图 5-99

图 5-100

5.1.5 【实战演练】制作时尚杂志封面

根据杂志尺寸，在属性栏中设置出页面的大小。使用形状工具选取并删除"尚"字不需要的节点。使用刻刀工具对文字"活"进行分割，删除不需要的部分。使用图框精确剪裁命令将图片、杂志名称和期刊号置入矩形中。使用插入条形码命令在页面中插入条形码。（最终效果参看光盘中的"Ch05＞ 效果 ＞制作时尚杂志封面"，见图 5-101。）

图 5-101

5.2 制作美食栏目

5.2.1 【案例分析】

美食栏目主要是为现代都市人设计的专业栏目，栏目的宗旨是使人们的生活更加健康便捷。栏目主要介绍的内容是创意美食和便捷营养菜的制作方法。在页面设计上要抓住栏目特色，能引起人们的食欲。

中等职业教育数字艺术类规划教材

5.2.2 【设计理念】

在设计制作过程中，使用白色的背景给人洁净纯粹感。使用浅灰色衬托栏目标题，醒目突出。食物图片和介绍性文字合理编排，在展现出宣传主题的同时，刺激人们的食欲，达到宣传的效果。装饰图形和标签使画面更加丰富活泼。（最终效果参看光盘中的"Ch05 > 效果 > 制作美食栏目"，见图 5-102。）

图 5-102

5.2.3 【操作步骤】

1. 制作栏目背景

步骤 **1** 按 Ctrl+N 组合键，新建一个页面。在属性栏"纸张宽度和高度"选项中分别设置宽度为 216mm，高度为 303mm，按 Enter 键，页面尺寸显示为设置的大小。

步骤 **2** 选择"矩形"工具□，在页面中绘制一个矩形，如图 5-103 所示。选择"刻刀"工具✐，在属性栏中单击"剪切时自动闭合"按钮✄，在图形上的右上角分别单击鼠标，分割图形，如图 5-104 所示。选择"挑选"工具▷，选取分割后的图形，如图 5-105 所示。按 Delete 键，删除图形，如图 5-106 所示。

| 图 5-103 | 图 5-104 | 图 5-105 | 图 5-106 |

步骤 **3** 选择"挑选"工具▷，选取矩形，在"CMYK 调色板"中的"10％黑"色块上单击鼠标，填充图形，并去除图形的轮廓线，效果如图 5-107 所示。选择"贝塞尔"工具▷，在页面下方绘制一个图形，如图 5-108 所示。在"CMYK 调色板"中的"紫"色块上单击鼠标，填充图形，并去除图形的轮廓线，效果如图 5-109 所示。

| 图 5-107 | 图 5-108 | 图 5-109 |

步骤 **4** 选择"交互式透明"工具♀，在属性栏中进行设置，如图 5-110 所示。按 Enter 键，图

形的透明效果如图 5-111 所示。

图 5-110　　　　　　　　　　　　　图 5-111

步骤 5　选择"贝塞尔"工具 ，在页面下方绘制一个图形，如图 5-112 所示。在"CMYK 调色板"中的"洋红"色块上单击鼠标，填充图形，并去除图形的轮廓线，效果如图 5-113 所示。

图 5-112　　　　　　　　　　　　图 5-113

步骤 6　选择"交互式透明"工具 ，在属性栏中进行设置，如图 5-114 所示。按 Enter 键，图形透明效果如图 5-115 所示。

图 5-114　　　　　　　　　　　　图 5-115

2. 制作栏目标题

步骤 1　选择"文本"工具 ，输入需要的文字。选择"挑选"工具 ，在属性栏中选择合适的字体并设置文字大小。选择"形状"工具 ，向右拖曳文字下方的 图标，调整文字间距，效果如图 5-116 所示。

步骤 2　选择"挑选"工具 ，按 F12 键，弹出"轮廓笔"对话框，将轮廓颜色设为白色，其他选项的设置如图 5-117 所示。单击"确定"按钮，文字效果如图 5-118 所示。

图 5-116　　　　　　　图 5-117　　　　　　　图 5-118

步骤 3　选择"文本"工具 ，分别输入需要的文字。选择"挑选"工具 ，在属性栏中选择

合适的字体并设置文字大小，如图 5-119 所示。选择"形状"工具，向左拖曳文字下方的
图标，调整文字间距。

步骤 4 选择"挑选"工具，选取文字。在"CMYK 调色板"中的"红"色块上单击鼠标，
填充文字，如图 5-120 所示。选择"手绘"工具，按住 Ctrl 键，绘制一条直线，如图 5-121
所示。

图 5-119

图 5-120

图 5-121

3. 导入并编辑图片

步骤 1 选择"矩形"工具，在页面中绘制一个矩形，如图 5-122 所示。选择"挑选"工具，
选取矩形，按 2 次数字键盘上的+键复制 2 个新的矩形。按住 Shift 键，水平向右拖曳复制出
的图形到适当的位置，如图 5-123 所示。用相同的方法，再次选取复制出的图形，水平向右
拖曳到适当的位置，效果如图 5-124 所示。

图 5-122

图 5-123

图 5-124

步骤 2 选择"文件 > 导入"命令，弹出"导入"对话框。选择光盘中的"Ch05 > 素材 > 制
作美食栏目 > 01"文件，单击"导入"按钮，在页面中单击导入图片，效果如图 5-125 所示。

步骤 3 选择"效果 > 图框精确剪裁 > 放置在容器中"命令，鼠标的光标变为黑色箭头形状，
在需要的矩形上单击，如图 5-126 所示。将图片置入到矩形中，效果如图 5-127 所示。

图 5-125

图 5-126

图 5-127

步骤 4 选择"文件 > 导入"命令，弹出"导入"对话框。选择光盘中的"Ch05 > 素材 > 制
作美食栏目 > 02"文件，单击"导入"按钮，在页面中单击导入图片，效果如图 5-128 所示。

步骤 5 选择"效果 > 图框精确剪裁 > 放置在容器中"命令，鼠标的光标变为黑色箭头形状，

在需要的矩形上单击，如图 5-129 所示。将图片置入到矩形中，效果如图 5-130 所示。

图 5-128

图 5-129

图 5-130

步骤 6 选择"文件 > 导入"命令，弹出"导入"对话框。选择光盘中的"Ch05 > 素材 > 制作美食栏目 > 03"文件，单击"导入"按钮，在页面中单击导入图片，效果如图 5-131 所示。

步骤 7 选择"效果 > 图框精确剪裁 > 放置在容器中"命令，鼠标的光标变为黑色箭头形状，在矩形上单击，如图 5-132 所示。将图片置入到矩形中，效果如图 5-133 所示。

步骤 8 选择"挑选"工具，用圈选的方法同时选取 3 个矩形。在"CMYK 调色板"中的"无填充"按钮上单击鼠标右键，去除矩形的轮廓线，如图 5-134 所示。

图 5-131

图 5-132

图 5-133

图 5-134

4. 添加栏目名称和内容文字

步骤 1 选择"贝塞尔"工具，在页面中绘制两个不规则图形，如图 5-135 所示。选择"挑选"工具，按住 Shift 键的同时，单击鼠标将两个不规则图形同时选取。在"CMYK 调色板"中的"黑"色块上单击鼠标，填充图形，效果如图 5-136 所示。

步骤 2 按 F12 键，弹出"轮廓笔"对话框，将轮廓颜色设为白色，其他选项的设置如图 5-137 所示。单击"确定"按钮，效果如图 5-138 所示。

图 5-135

图 5-136

图 5-137

图 5-138

步骤 3 选择"文本"工具字，输入需要的文字，选择"挑选"工具，在属性栏中选择合适的字体并设置文字大小，如图 5-139 所示。选择"文本"工具字，选取"变"文字，选择"文本 > 字符格式化"命令，弹出"字符格式化"面板，在面板中设置文字大小及字符位移选项，如图 5-140 所示，文字效果如图 5-141 所示。

图 5-139	图 5-140	图 5-141

步骤 4 选择"挑选"工具，选取文字。按 F12 键，弹出"轮廓笔"对话框，将轮廓颜色设为白色，其他选项的设置如图 5-142 所示。单击"确定"按钮，文字效果如图 5-143 所示。

图 5-142	图 5-143

步骤 5 选择"矩形"工具，在属性栏中设置该矩形上下左右 4 个角的"边角圆滑度"的数值均为 20，并在属性栏中将"轮廓宽度" 0.2 mm 选项设置为 1，在页面右上方绘制一个圆角矩形，如图 5-144 所示。

步骤 6 选择"挑选"工具，选取图形。设置图形填充颜色的 CMYK 值为 59、72、0、0，填充图形，并在"CMYK 调色板"中的"白"色块上单击鼠标右键，填充图形轮廓线的颜色，效果如图 5-145 所示。并在属性栏中将"旋转角度" 0.0 选项设置为 354，按 Enter 键，效果如图 5-146 所示。

图 5-144	图 5-145	图 5-146

步骤 **7**　选择"文件 > 导入"命令，弹出"导入"对话框。选择光盘中的"Ch05 > 素材 > 制作美食栏目 > 04"文件，单击"导入"按钮，在页面中单击导入图形，效果如图 5-147 所示。

步骤 **8**　选择"文本"工具 字，输入需要的文字。选择"挑选"工具 ，在属性栏中选择合适的字体并设置文字大小。在"CMYK 调色板"中的"洋红"色块上单击鼠标，填充文字，效果如图 5-148 所示。

图 5-147　　　　　　　　　　　　图 5-148

步骤 **9**　选择"交互式轮廓图"工具 ，在属性栏中进行设置，如图 5-149 所示。将鼠标放在文字上，按住鼠标左键向外侧拖曳光标，为文字添加轮廓化效果，如图 5-150 所示。选择"挑选"工具 ，在属性栏中将"旋转角度" 0.0 选项设置为 354，按 Enter 键，效果如图 5-151 所示。

图 5-149　　　　　　　　　　图 5-150　　　　　　　　　图 5-151

步骤 **10**　选择"文本"工具 字，输入需要的文字。选择"挑选"工具 ，在属性栏中选择合适的字体并设置文字大小，选择"形状"工具 ，向左拖曳文字下方的 图标，调整文字间距。在"CMYK 调色板"中的"洋红"色块上单击鼠标，填充文字，效果如图 5-152 所示。

步骤 **11**　选择"挑选"工具 ，按 F12 键，弹出"轮廓笔"对话框，将轮廓颜色设为白色，其他选项的设置如图 5-153 所示。单击"确定"按钮，文字效果如图 5-154 所示。

图 5-152　　　　　　　　　图 5-153　　　　　　　　图 5-154

步骤 **12**　选择"交互式阴影"工具 ，在文字上从上至下拖曳光标，为文字添加阴影效果，在属性栏中进行设置，如图 5-155 所示。按 Enter 键，阴影效果如图 5-156 所示。

图 5-155　　　　　　　　　　图 5-156

步骤 13　选择"文本"工具 字，拖曳一个文本框，在属性栏中选择合适的字体并设置文字大小，在文本框内输入需要的文本，如图 5-157 所示。选择"文本 > 段落格式化"命令，弹出"段落格式化"面板，在面板中进行设置，如图 5-158 所示。按 Enter 键，效果如图 5-159 所示。

图 5-157　　　　　　　　图 5-158　　　　　　　　图 5-159

5. 制作标志及其他栏目

步骤 1　选择"星形"工具 ，在属性栏中进行设置，如图 5-160 所示。按住 Ctrl 键，绘制图形，效果如图 5-161 所示。在"CMYK 调色板"中的"橘红"色块上单击鼠标，填充图形，并去除图形的轮廓，效果如图 5-162 所示。用相同的方法，制作一个红色图形，如图 5-163 所示。

图 5-160　　　　　　　图 5-161　　　　　　　图 5-162　　　　　　　图 5-163

步骤 2　选择"交互式调和"工具 ，在图形上拖曳光标，调和效果如图 5-164 所示。选择"椭圆形"工具 ，按住 Ctrl 键，绘制一个圆形，如图 5-165 所示。在属性栏中将"轮廓宽度" 0.2 mm 选项设置为 2.5，并在"CMYK 调色板"中的"白"色块上单击鼠标右键，填充图形轮廓线的颜色，效果如图 5-166 所示。

步骤 3　选择"椭圆形"工具 ，按住 Ctrl 键，绘制一个圆形，在属性栏中将"轮廓宽度" 0.2 mm 选项设置为 1，并在"CMYK 调色板"中的"橘红"色块上单击鼠标右键，填充图形轮廓线的颜色，效果如图 5-167 所示。

步骤 4 选择"文本"工具 字，分别输入需要的文字。选择"挑选"工具 ，在属性栏中分别
选择合适的字体并设置文字大小，分别调整文字间距，并为文字填充不同的颜色，在属性栏
中将文字旋转适当的角度，效果如图 5-168 所示。

图 5-164　　　　　图 5-165　　　　　图 5-166　　　　　图 5-167　　　　　图 5-168

步骤 5 选择"艺术笔"工具 ，单击属性栏中的"喷罐"按钮 ，在"喷涂列表文件列表"
选项中选择需要的图形 ，拖曳鼠标，绘制图形，效果如图 5-169 所示。

步骤 6 用上述所讲的方法，选择"文本"工具 字，输入需要的文字，分别设置适当的字体和
文字大小，并为文字添加轮廓图，如图 5-170 所示。选择"手绘"工具 ，绘制一条斜线，
如图 5-171 所示。

图 5-169　　　　　　　　　　图 5-170　　　　　　　　　　图 5-171

步骤 7 选择"挑选"工具 ，选择文字"懒汉营养菜"。选择"文本 > 使文本适合路径"命
令，将光标移动到斜线上，如图 5-172 所示。单击鼠标左键，文本自动绕路径排列，效果如
图 5-173 所示。选择"挑选"工具 ，选取直线，在"无填充"按钮 上单击鼠标右键，去
除图形的轮廓线，效果如图 5-174 所示。

步骤 8 选择"文本"工具 字，拖曳一个文本框，输入需要的文字，分别填充需要的颜色，并
在"段落格式化"面板中调整文字间距及行距，效果如图 5-175 所示。

图 5-172　　　　　　　　　　　　　图 5-173

图 5-174　　　　　　　　　　图 5-175

步骤 9 选择"文件 > 导入"命令，弹出"导入"对话框。选择光盘中的"Ch05 > 素材 > 制作美食栏目 > 05"文件，单击"导入"按钮，在页面中单击导入图片，将图片缩小，效果如图 5-176 所示。

步骤 10 选择"椭圆形"工具 ，按住 Ctrl 键，绘制一个圆形。在"CMYK 调色板"中的"红"色块上单击鼠标，填充图形，并去除图形的轮廓线，效果如图 5-177 所示。用相同的方法再次制作一个白色圆形，效果如图 5-178 所示。

图 5-176   图 5-177   图 5-178

步骤 11 选择"文本"工具 ，输入需要的文字。选择"挑选"工具 ，在属性栏中分别选择合适的字体并设置文字大小。在"CMYK 调色板"中的"红"色块上单击，填充文字，效果如图 5-179 所示。用相同的方法，制作出多个图形，并填充不同的颜色。选择"文本"工具 ，输入不同的文字，并填充不同的颜色，效果如图 5-180 所示。

步骤 12 选择"矩形"工具 ，在页面中绘制一个矩形。在"CMYK 调色板"中的"洋红"色块上单击鼠标，填充图形，并去除图形的轮廓线，效果如图 5-181 所示。美食栏目制作完成，如图 5-182 所示。

图 5-179   图 5-180   图 5-181   图 5-182

5.2.4 【相关工具】

1. 文本绕路径

选择"文本"工具 ，在绘图页面中输入美术字文本。使用"椭圆形"工具 ，绘制一个椭圆路径，选中美术字文本，效果如图 5-183 所示。

选择"文本 > 使文本适合路径"命令，出现箭头图标，将箭头放在椭圆路径上，文本自动绕路径排列，如图 5-184 所示。单击鼠标左键确定，效果如图 5-185 所示。

图 5-183　　　　　　　　图 5-184　　　　　　　　图 5-185

选中绕路径排列的文本，如图 5-186 所示。属性栏如图 5-187 所示，在属性栏中可以设置"文字方向"、"与路径距离"、"水平偏移"，通过设置可以产生多种文本绕路径排列的效果，如图 5-188 所示。

图 5-186　　　　　　　　　图 5-187　　　　　　　　　　图 5-188

2. 文本绕图

在 CorelDRAW X4 中提供了多种文本绕图的形式，应用好文本绕图可以使设计制作的杂志或报刊更加生动美观。

选择"文件 > 导入"菜单命令，或按 Ctrl+I 组合键，弹出"导入"对话框。在对话框中的"查找范围"列表框中选择需要的文件夹，在文件夹中选取需要的位图文件，单击"导入"按钮，在页面中单击鼠标左键，位图被导入到页面中，将位图调整到段落文本中的适当位置，效果如图 5-189 所示。

在位图上单击鼠标右键，在弹出的快捷菜单中选择"段落文本换行"命令，如图 5-190 所示，文本绕图效果如图 5-191 所示。在属性栏中单击"段落文本换行"按钮，在弹出的下拉菜单中可以设置换行样式，在"文本绕图偏"选项的数值框中可以设置偏移距离，如图 5-192 所示。

图 5-189　　　　　　　　　　　　　　　　图 5-190

图 5-191   图 5-192

3. 段落分栏

选择一个段落文本，如图 5-193 所示。选择"文本 > 栏"命令，弹出"栏设置"对话框，将"栏数"选项设置为"2"，栏间宽度设置为"10mm"，如图 5-194 所示。设置好后，单击"确定"按钮，段落文本被分为 2 栏，效果如图 5-195 所示。

图 5-193   图 5-194

图 5-195

5.2.5 【实战演练】制作杂志内文

使用文本工具、插入符号字符命令、导入命令、矩形工具制作栏目标题。使用首字下沉命令制作文字的首字下沉效果。使用段落文本换行命令制作文本绕排。使用文本工具、椭圆形工具和使文本适合路径命令制作文字绕路径排列。（最终效果参看光盘中的"Ch05 > 效果 >制作杂志内文"，见图 5-196。）

图 5-196

5.3　综合演练——制作旅游杂志内页

使用矩形工具、图框精确剪裁命令和阴影工具制作相框效果。使用文本工具添加文字。使用椭圆形工具绘制装饰图形。使用项目符号命令插入图形。使用文本绕图命令制作文字效果。（最终效果参看光盘中的"Ch05 > 效果 > 制作旅游杂志内页"，见图 5-197。）

图 5-197

5.4　综合演练——制作古董珍藏杂志内页

使用选择工具和属性栏添加并调整辅助线。使用文字工具和段落格式化面板添加并调整杂志内文。使用栏命令制作分栏效果。（最终效果参看光盘中的"Ch05 > 效果 > 制作古董珍藏杂志内页"，见图 5-198。）

图 5-198

第6章 宣传单设计

宣传单是直销广告的一种，对宣传活动和促销商品有着重要的作用。宣传单通过派送、邮递等形式，可以有效地将信息传达给目标受众。本章以各种不同主题的宣传单为例，讲解宣传单的设计方法和制作技巧。

课堂学习目标

- 了解宣传单的概念
- 了解宣传单的功能
- 掌握宣传单的设计思路和过程
- 掌握宣传单的制作方法和技巧

6.1 制作数码摄像机促销宣传单

6.1.1 【案例分析】

本例是为一家数码摄像机销售厂商制作的促销宣传单。这次以春季新款折扣为主展开，要求宣传单通过对文字的大胆设计展示出产品的宣传主题。

6.1.2 【设计理念】

在设计制作过程中，通过绿色渐变背景和植物营造出一片绿意盎然、生机勃勃的景象，给人轻松惬意的感觉。再通过醒目突出的宣传文字，展示出宣传主题，让人印象深刻。产品的位置与周围的景色浑然一体，显得统一和谐。（最终效果参看光盘中的"Ch06 > 效果 > 制作数码摄像机促销宣传单"，见图6-1。）

图6-1

6.1.3 【操作步骤】

1. 制作雪花效果

步骤 1 按 Ctrl+N 组合键，新建一个页面，在属性栏"纸张宽度和高度"选项中分别设置宽度为 303mm，高度为 216mm，按 Enter 键，页面尺寸显示为设置的大小。

步骤 2 选择"文件 > 导入"命令，弹出"导入"对话框。选择光盘中的"Ch06 > 素材 > 制作数码摄像机促销宣传单 > 01"文件,单击"导入"按钮,在页面中单击导入图片,效果如图 6-2 所示。选择"排列 > 对齐与分布 > 在页面居中"命令,将图片置于页面中心,效果如图 6-3 所示。

图 6-2　　　　　　　　　　图 6-3

2. 制作内容文字及不规则图形

步骤 1 选择"文本"工具 字,输入需要的文字。选择"挑选"工具 ,在属性栏中选择合适的字体并设置文字大小,效果如图 6-4 所示。再次单击鼠标,使文字处于旋转状态,将文字旋转适当的角度,效果如图 6-5 所示。

图 6-4　　　　　　　　　　图 6-5

步骤 2 选择"渐变填充对话框"工具 ,弹出"渐变填充"对话框,点选"双色"单选钮,将"从"选项颜色的 CMYK 值设置为 0、100、100、0,"到"选项颜色的 CMYK 值设置为 0、0、100、0,其他选项的设置如图 6-6 所示。单击"确定"按钮,填充文字,效果如图 6-7 所示。

图 6-6　　　　　　　　　　图 6-7

步骤 3 选择"挑选"工具 ,按 F12 键,弹出"轮廓笔"对话框,将"颜色"选项的 CMYK 值设为 91、44、95、11,其他选项的设置如图 6-8 所示。单击"确定"按钮,文字效果如图 6-9 所示。

图 6-8 图 6-9

步骤 4 选择"交互式轮廓图"工具 ,将鼠标放在文字上,按住鼠标左键向外侧拖曳光标,为文字添加轮廓化的效果,在属性栏中设置"填充色"选项颜色的 CMYK 值为 2、22、96、0,设置"渐变填充结束色"选项颜色的 CMYK 值为 53、0、0、0,其他选项的设置如图 6-10 所示。按 Enter 键,效果如图 6-11 所示。

图 6-10 图 6-11

步骤 5 选择"文本"工具 ,输入需要的文字。选择"挑选"工具 ,在属性栏中选择合适的字体并设置文字大小,设置文字颜色的 CMYK 值为 0、0、20、0,填充文字,效果如图 6-12 所示。

步骤 6 选择"挑选"工具 ,再次单击鼠标,使文字处于旋转状态,向右拖曳文字上方中间的控制手柄,将文字倾斜,效果如图 6-13 所示。拖曳右上方的控制手柄,将文字旋转到需要的角度,效果如图 6-14 所示。

图 6-12

图 6-13 图 6-14

步骤 7 选择"挑选"工具 ,按 F12 键,弹出"轮廓笔"对话框,将"颜色"选项的 CMYK

值设置为 93、41、98、8，其他选项的设置如图 6-15 所示。单击"确定"按钮，文字效果如图 6-16 所示。

图 6-15　　　　　　　　　　　　　　　　图 6-16

3.　制作变形文字并绘制不规则图形

步骤 1　选择"文本"工具 字，输入需要的文字。选择"挑选"工具 ，在属性栏中选择合适的字体并设置文字大小，效果如图 6-17 所示。按 Ctrl+Q 组合键，将文字转换为曲线。

步骤 2　选择"形状"工具 ，按住 Shift 键的同时，选取部分节点，如图 6-18 所示。按 Delete 键将其删除，并调整部分节点的位置，效果如图 6-19 所示。

图 6-17　　　　　　　　　图 6-18　　　　　　　　　图 6-19

步骤 3　选择"贝塞尔"工具 ，在页面中绘制一个不规则图形，如图 6-20 所示。填充图形为黑色，并去除图形的轮廓线，效果如图 6-21 所示。用相同的方法，再次制作一个不规则图形，效果如图 6-22 所示。

步骤 4　选择"挑选"工具 ，按住 Shift 键的同时，将不规则图形和文字同时选取，单击属性栏中的"焊接"按钮 ，将图形和文字焊接在一起，效果如图 6-23 所示。

图 6-20　　　　　　　图 6-21　　　　　　　图 6-22　　　　　　　图 6-23

步骤 5　选择"渐变填充对话框"工具 ，弹出"渐变填充"对话框，点选"自定义"单选框，在"位置"选项中分别添加并输入 0、56、100 几个位置点，单击右下角的"其他"按钮，分别设置几个位置点颜色的 CMYK 值为 0（0、0、100、0）、56（0、0、20、0）、100（0、0、

20、0），其他选项设置如图 6-24 所示。单击"确定"按钮，效果如图 6-25 所示。

图 6-24   图 6-25

步骤 6 选择"挑选"工具，按 F12 键，弹出"轮廓笔"对话框，在"颜色"选项中设置轮廓线颜色的 CMYK 值为 100、0、100、0，其他选项的设置如图 6-26 所示。单击"确定"按钮，文字效果如图 6-27 所示。

图 6-26   图 6-27

步骤 7 选择"交互式阴影"工具，鼠标的光标变为图标，在文字上从上至下拖曳光标，为文字添加阴影效果，在属性栏中进行设置，如图 6-28 所示。按 Enter 键，效果如图 6-29 所示。选择"挑选"工具，再次单击鼠标，使文字处于旋转状态，将文字旋转适当的角度，效果如图 6-30 所示。

图 6-28   图 6-29   图 6-30

步骤 8 选择"星形"工具，在属性栏中进行设置，如图 6-31 所示。按住 Ctrl 键的同时，拖曳鼠标绘制图形，效果如图 6-32 所示。在"CMYK 调色板"中的"洋红"色块上单击鼠标，填充图形颜色，并在"白"色块上单击鼠标右键，填充图形轮廓线的颜色。在属性栏中将"轮廓宽度"选项设置为 1.2mm，效果如图 6-33 所示。

步骤 9 选择"挑选"工具，按两次数字键盘上的+键复制两个图形。分别拖曳图形到适当的位置，并调整其大小，效果如图 6-34 所示。

图 6-31　　　　　　　　　图 6-32　　　　　　　　图 6-33　　　　　　　　图 6-34

4. 绘制装饰图形并导入图片

步骤 1　选择"文件 > 导入"命令，弹出"导入"对话框。选择光盘中的"Ch06 > 素材 > 制作数码摄像机促销宣传单 > 01、02"文件，单击"导入"按钮，在页面中分别单击导入图片，将图片拖曳到适当的位置，效果如图 6-35 所示。

步骤 2　选择"挑选"工具，选择文字"春款 style"。按 Shift+PageUp 组合键，将文字置于最顶层，效果如图 6-36 所示。

图 6-35　　　　　　　　　　　　　　图 6-36

步骤 3　选择"贝塞尔"工具，绘制一个三角形，如图 6-37 所示。选择"渐变填充对话框"工具，弹出"渐变填充"对话框，点选"双色"单选钮，将"从"选项颜色的 CMYK 值设置为 4、3、92、0，"到"选项颜色的 CMYK 值设置为 0、0、0、0，其他选项的设置如图 6-38 所示。单击"确定"按钮，并去除图形的轮廓线，效果如图 6-39 所示。

图 6-37　　　　　　　　　　图 6-38　　　　　　　　　图 6-39

步骤 4　选择"交互式阴影"工具，在图形上从中心至右下方拖曳光标，为图形添加阴影效果，设置阴影颜色的 CMYK 值为 79、0、99、0，在属性栏中进行设置，如图 6-40 所示，效果如图 6-41 所示。

图 6-40　　　　　　　　　　　图 6-41

步骤 5 用上述所讲的方法，绘制一个不规则图形，填充适当的渐变色，并为图形添加阴影效果，效果如图 6-42 所示。数码摄像机促销宣传单制作完成，如图 6-43 所示。

图 6-42　　　　　　　　　　　图 6-43

6.1.4 【相关工具】

应用 CorelDRAW X4 的独特功能，可以轻松地创建出计算机字库中没有的汉字，下面介绍具体的创建方法。

选择"文本"工具，输入两个具有创建文字所需偏旁的汉字，如图 6-44 所示。选择"挑选"工具 选取文字，效果如图 6-45 所示。

按 Ctrl+Q 组合键，将文字转换为曲线，效果如图 6-46 所示。

图 6-44　　　　　　　图 6-45　　　　　　　图 6-46

按 Ctrl+K 组合键，将转换为曲线的文字打散，选择"挑选"工具 选中所需偏旁，将其移动到创建文字的位置，如图 6-47 所示，进行组合的效果如图 6-48 所示。

图 6-47　　　　　　　　图 6-48

组合好新文字后，选择"挑选"工具 ，用圈选的方法选中新文字，效果如图 6-49 所示。再在键盘上按 Ctrl+G 组合键将新文字组合，效果如图 6-50 所示。新文字制作完成，效果如图 6-51 所示。

图 6-49   图 6-50   图 6-51

6.1.5 【实战演练】制作 MP4 促销宣传单

使用矩形工具、渐变填充对话框工具和图框精确剪裁命令制作宣传单背景效果。使用垂直镜像命令和交互式透明度工具制作 MP4 倒影效果。使用椭圆形工具，贝塞尔工具和透明度工具绘制透明泡泡。使用文本工具，转换为曲线命令、贝塞尔工具、焊接命令和渐变填充对话框工具制作文字变形效果。使用文本工具添加标题文字。使用贝塞尔工具、使文本适合路径命令和交互式轮廓图工具制作标题文字效果。（最终效果参看光盘中的"Ch06 > 效果 > 制作 MP4 促销宣传单"，见图 6-52。）

图 6-52

6.2 制作食品促销宣传单

6.2.1 【案例分析】

本例是为一家西餐厅设计制作的宣传单。这家西餐厅以西餐海鲜、田园沙拉、法国红酒闻名。要求宣传单能够运用图片和宣传文字，通过独特的设计表现，主题鲜明地展示西餐厅的特色口味和西餐文化。

6.2.2 【设计理念】

在设计过程中，首先用典型的餐厅美食图片展示公司的招牌菜品。在图片四周绘制了一些小的菜品原料图案，体现出餐厅选料精良，崇尚自然、美味的经营特色。通过对广告语的设计编辑制造出新的亮点。突出"鲜"字的设计，再次突出表现西餐厅的特色。整体海报设计的墨绿色调，是西餐厅装饰的典型用色，使人感觉沉稳、雅致、健康、自然。（最终效果参看光盘中的"Ch06 > 效果 > 制作食品促销宣传单"，见图 6-53。）

图 6-53

6.2.3 【操作步骤】

1. 制作海报背景效果

步骤 1 按 Ctrl+N 组合键，新建一个页面，在属性栏的"纸张宽度和高度"选项中分别设置宽度为 349mm，高度为 225mm，按 Enter 键，页面尺寸显示为设置的大小。

步骤 2 按 Ctrl+I 组合键，弹出"导入"对话框。选择光盘中的"Ch06 > 素材 >制作食品促销宣传单> 01"文件，单击"导入"按钮，在页面中单击导入图片，调整其大小并将其拖曳到适当的位置，效果如图 6-54 所示。

图 6-54

步骤 3 选择"贝塞尔"工具，在页面中适当的位置，绘制一个不规则图形，如图 6-55 所示。设置图形颜色的 CMYK 值为 100、0、100、50，填充图形，并去除图形的轮廓线，效果如图 6-56 所示。

图 6-55

图 6-56

步骤 4 按 Ctrl+I 组合键，弹出"导入"对话框。选择光盘中的"Ch06 > 素材 >制作食品促销宣传单> 02"文件，单击"导入"按钮，在页面中单击导入图片，选择"挑选"工具，将其拖曳到适当的位置，效果如图 6-57 所示。按住 Shift 键的同时，选取背景图片和不规则图形，按 Ctrl+G 组合键将其群组，效果如图 6-58 所示。双击"矩形"工具，绘制一个与页面大小相等的矩形，按 Shift+PageUp 组合键将矩形置于顶层，效果如图 6-59 所示。

图 6-57

图 6-58

图 6-59

步骤 5 选择"挑选"工具，选取编组图形。选择"效果 > 图框精确剪裁 > 放置在容器中"命令，鼠标的光标变为黑色箭头形状，在矩形图形上单击鼠标左键，如图 6-60 所示。将图形置入到矩形图形中，并去除图形的轮廓线，效果如图 6-61 所示。

图 6-60

图 6-61

2. 添加并编辑标题文字

步骤 1 选择"文本"工具字，在页面中输入需要的文字，选择"挑选"工具，在属性栏中选择合适的字体并设置文字大小，效果如图 6-62 所示。选择"文本"工具字，选取文字"鲜"，如图 6-63 所示。在属性栏中选择合适的字体并设置文字大小，效果如图 6-64 所示。

图 6-62　　　　　　图 6-63　　　　　　图 6-64

步骤 2 选择"挑选"工具，拖曳文字到页面中适当的位置，如图 6-65 所示。按 Ctrl+K 组合键，将文字进行拆分，拆分完成后"美"字呈选中状态，在属性栏中的"旋转角度" ⊙ 0.0 ⊙ 框中设置数值为 18，按 Enter 键，效果如图 6-66 所示。使用相同的方法，分别选中另外 3 个文字将其旋转到适当的角度，并按左右方向键调整文字的位置，效果如图 6-67 所示。

图 6-65

图 6-66

图 6-67

步骤 3 选择"挑选"工具，按住 Shift 键的同时，依次单击文字"美"、"味"、"尝"，将其同时选取。在"CMYK 调色板"中的"洋红"色块上单击鼠标左键，填充文字，效果如图 6-68 所示。选取文字"鲜"，设置文字颜色的 CMYK 值为 80、40、100、0，填充文字，效果如图 6-69 所示。

图 6-68

图 6-69

步骤 4 按住 Shift 键的同时，依次单击文字"美"、"味"、"尝"，将其同时选取。按 F12 键，弹出"轮廓笔"对话框，在"颜色"选项中设置轮廓线颜色为白色，其他选项的设置如图 6-70 所示。单击"确定"按钮，效果如图 6-71 所示。

图 6-70

图 6-71

步骤 5 选择"贝塞尔"工具，绘制一个不规则图形。在"CMYK 调色板"中的"黄"色块上单击鼠标左键，填充图形，并去除图形的轮廓线，效果如图 6-72 所示。

步骤 6 选择"交互式阴影"工具，在图形对象上由中间向下拖曳光标，为图形添加阴影效果，在属性栏中的设置如图 6-73 所示。按 Enter 键，效果如图 6-74 所示。选择"挑选"工具，选取图形，连续按 Ctrl+PageDown 组合键，将阴影图形放置在文字的后面，效果如图 6-75 所示。

图 6-72

图 6-73

图 6-74

图 6-75

步骤 7 选择"挑选"工具，选取文字"鲜"，选择"交互式阴影"工具，在文字对象上由中间向右侧拖曳光标，为图形添加阴影效果，在属性栏中的设置如图 6-76 所示。按 Enter 键，效果如图 6-77 所示。

图 6-76

图 6-77

步骤 8 使用相同方法制作其他文字和黄色背景效果，如图 6-78 所示。按 Ctrl+I 组合键，弹出"导入"对话框。选择光盘中的"Ch06 > 素材 >制作食品促销宣传单> 03"文件，单击"导入"按钮,在页面中单击导入图片,拖曳图片到适当的位置,效果如图 6-79 所示。食品海报设计制作完成。

图 6-78　　　　　　　　　　　　　　　　　图 6-79

6.2.4 【相关工具】

1. 对象的排序

在 CorelDRAW X4 中,绘制的图形对象都存在着重叠的关系,如果在绘图页面中的同一位置先后绘制两个不同背景的图形对象,后绘制的图形对象将位于先绘制图形对象的上方。

使用 CorelDRAW X4 的排序功能可以安排多个图形对象的前后顺序,也可以使用图层来管理图形对象。

在绘图页面中先后绘制几个不同的图形对象,效果如图 6-80 所示。使用"挑选"工具 选择要进行排序的图形对象,效果如图 6-81 所示。

选择"排列 > 顺序"子菜单下的各个命令,如图 6-82 所示,可将已选择的图形对象排序。

选择"到图层前面"命令,可以将背景图形从当前层移动到绘图页面中其他图形对象的最前面,效果如图 6-83 所示。按 Shift+PageUp 组合键,也可以完成这个操作。

选择"到图层后面"命令,可以将背景图形从当前层移动到绘图页面中其他图形对象的最后面,如图 6-84 所示。按 Shift+PageDown 组合键,也可以完成这个操作。

选择"向前一位"命令,可以将选定的背景图形从当前位置向前移动一个图层,如图 6-85 所示。按 Ctrl+PageUp 组合键,也可以完成这个操作。

图 6-80　　　　　　　图 6-81　　　　　　　　　　　　图 6-82

图 6-83 图 6-84 图 6-85

当图形位于图层最前面的位置时，选择"向后一位"命令，可以将选定的图形（背景）从当前位置向后移动一个图层，如图 6-86 所示。按 Ctrl+PageDown 组合键，也可以完成这个操作。

选择"置于此对象前"命令，可以将选择的图形放置到指定图形对象的前面，选择"置于此对象前"命令后，鼠标的光标变为黑色箭头，使用黑色箭头单击指定图形对象，如图 6-87 所示。图形被放置到指定图形对象的前面，效果如图 6-88 所示。

图 6-86 图 6-87 图 6-88

选择"置于此对象后"命令，可以将选择的图形放置到指定图形对象的后面，选择"置于此对象后"命令后，鼠标的光标变为黑色箭头，使用黑色箭头单击指定的图形对象，如图 6-89 所示。图形被放置到指定的背景图形对象的后面，效果如图 6-90 所示。

图 6-89 图 6-90

2. 群组

绘制几个图形对象，使用"挑选"工具 ▷ 选中要进行群组的图形对象，如图 6-91 所示。选择"排列 > 群组"命令，或按 Ctrl+G 组合键，或单击属性栏中的"群组"按钮，都可以将多个图形对象群组，效果如图 6-92 所示。按住 Ctrl 键，选择"挑选"工具 ▷，单击需要选取的子对象，松开 Ctrl 键，子对象被选取，效果如图 6-93 所示。群组后的图形对象变成一个整体，移动一个对象，其他的对象将会随着移动，填充一个对象，其他的对象也将随着被填充。

选择"排列 > 取消群组"命令，或按 Ctrl+U 组合键，或单击属性栏中的"取消群组"按钮，可以取消对象的群组状态。选择"排列 > 取消全部群组"命令，或单击属性栏中的"取消全部群组"按钮，可以取消所有对象的群组状态。

图 6-91   图 6-92   图 6-93

 提 示　在群组中，子对象可以是单个的对象，也可以是多个对象组成的群组，称之为群组的嵌套。使用群组的嵌套可以管理多个对象之间的关系。

3. 结合

绘制几个图形对象，如图 6-94 所示。使用"挑选"工具选中要进行结合的图形对象，如图 6-95 所示。

图 6-94   图 6-95

选择"排列 > 结合"命令，或按 Ctrl+L 组合键，或单击属性栏中的"结合"按钮，可以将多个图形对象结合，效果如图 6-96 所示。

使用"形状"工具选中结合后的图形对象，可以对图形对象的节点进行调整，如图 6-97 所示。改变图形对象的形状，效果如图 6-98 所示。

图 6-96   图 6-97   图 6-98

选择"排列 > 拆分"命令，或按 Ctrl+K 组合键，或单击属性栏中的"打散"按钮，可以取消图形对象的结合状态，原来结合的图形对象将变为多个单独的图形对象。

提　示　　如果对象结合前有颜色填充，那么结合后的对象将显示最后选取对象的颜色。如果使用圈选的方法选取对象，将显示圈选框最下方对象的颜色。

6.2.5 【实战演练】制作购物宣传单

使用文本工具添加需要的宣传文字。使用均匀填充对话框工具和轮廓笔工具为文字添加颜色和轮廓线。使用贝赛尔工具绘制需要的文字底图。使用复杂星形工具绘制星形。使用矩形工具、椭圆形工具和交互式阴影工具绘制标牌。使用形状工具调整文字的行距。（最终效果参看光盘中的"Ch06 > 效果 > 制作购物宣传单"，见图 6-99。）

图 6-99

6.3　综合演练——制作摄像机产品宣传单

使用图框精确剪裁命令将背景图片置入到矩形中，使用交互式调和工具为两条曲线制作调和效果。使用文本工具添加需要的文字。（最终效果参看光盘中的"Ch06 > 效果 > 制作摄像机产品宣传单"，见图 6-100。）

图 6-100

6.4　综合演练——制作旅游宣传单

使用矩形工具、贝塞尔工具和渐变填充对话框工具制作背景图形。使用导入命令和精确剪裁命令制作图片的置入效果。使用螺纹工具、艺术笔工具和复杂星形工具制作装饰图形。使用文本工具和贝塞尔工具制作文本绕路径排列效果。(最终效果参看光盘中的"Ch06 > 效果 > 制作旅游宣传单",见图 6-101。)

图 6-101

第7章 海报设计

海报是广告艺术中的一种大众化载体，又名"招贴"或"宣传画"。由于海报具有尺寸大、远视性强、艺术性高的特点，因此，在宣传媒介中占有重要的位置。本章以各种不同主题的海报为例，讲解海报的设计方法和制作技巧。

课堂学习目标

- 了解海报的概念和功能
- 了解海报的种类和特点
- 掌握海报的设计思路和过程
- 掌握海报的制作方法和技巧

7.1 制作摄像机海报

7.1.1 【案例分析】

本案例是为某公司设计制作的摄像产品宣传海报，主要以体现产品高清晰的摄像功能为主，要求海报设计能够通过对图片和宣传文字的艺术加工表现出产品的主要特点和功能特色。

7.1.2 【设计理念】

在设计制作过程中，首先使用紫色的背景展示出迷人的特质。再将景色图片和摄像产品置于其上，形成视觉中心，体现出清晰、自如的功能特色。周围的花瓣和钟表图形则展示出电池持久耐用的特点。宣传文字的编排设计醒目突出，识别性强。右下角的介绍性文字起补充说明的作用。（最终效果参看光盘中的"Ch07 > 效果 > 制作摄像机海报"，见图7-1。）

图7-1

7.1.3 【操作步骤】

1. 制作背景效果

步骤 [1] 按 Ctrl+N 组合键，新建一个 A4 页面。选择"矩形"工具 ▢，绘制一个矩形，如图7-2

所示。设置矩形颜色的 CMYK 值为 40、0、0、0。并填充矩形，如图 7-3 所示。

步骤 2 选择"椭圆形"工具 ⚪，按住 Ctrl 键，绘制一个圆形，如图 7-4 所示。设置圆形颜色的 CMYK 值为 40、100、0、0，并填充圆形，如图 7-5 所示。

图 7-2   图 7-3   图 7-4   图 7-5

步骤 3 选择"效果 > 图框精确剪裁 > 放置在容器中"命令，鼠标的光标变为黑色箭头形状，在矩形背景上单击，如图 7-6 所示。将圆形置入到矩形背景中，效果如图 7-7 所示。

步骤 4 选择"椭圆形"工具 ⚪，按住 Ctrl 键，绘制一个圆形，如图 7-8 所示。在属性栏中"轮廓宽度" ⚙ `0.2 mm` 框中适当调整轮廓线的宽度，将图形颜色和轮廓线颜色均填充为白色，效果如图 7-9 所示。

图 7-6   图 7-7   图 7-8   图 7-9

步骤 5 选择"交互式透明"工具 ⚟，鼠标的光标变为 图标，在圆形上从左上方至右上方拖曳光标，为圆形添加透明效果，在属性栏中的"透明度类型"选项下拉列表中选择"线性"，"透明中心点"选项数值设置为 100，如图 7-10 所示。按 Enter 键，效果如图 7-11 所示。取消图形填充色，效果如图 7-12 所示。

图 7-10

图 7-11

图 7-12

步骤 6 选择"挑选"工具 ⚟，按数字键盘上的+键复制一个图形，再次单击图形，使其处于旋转状态，拖曳右上角的控制手柄，将图形旋转到需要的角度，效果如图 7-13 所示。选择"挑选"工具 ，用圈选的方法将两个圆形同时选取，单击属性栏中的"相交"按钮 ，将图形进行相交，效果如图 7-14 所示。

步骤 7 按 Ctrl+I 组合键，弹出"导入"对话框。选择光盘中的"Ch07 > 素材 > 制作摄像机海报 > 01"文件，单击"导入"按钮，在页面中单击导入图片，拖曳图片到适当的位置并调整其大小，如图 7-15 所示。按 Ctrl+PageDown 组合键，将其置后一位，效果如图 7-16 所示。

图 7-13   图 7-14   图 7-15   图 7-16

2. 编辑图片并插入字符

步骤 1 选择"效果 > 图框精确剪裁 > 放置在容器中"命令，鼠标的光标变为黑色箭头形状，在圆形上单击，如图 7-17 所示。将图片图形置入到圆形中，效果如图 7-18 所示。

步骤 2 选择"手绘"工具 ，按住 Ctrl 键，绘制一条直线，如图 7-19 所示。在属性栏中"轮廓宽度" 0.2 mm 框中适当调整轮廓线的宽度，填充直线为白色，效果如图 7-20 所示。

图 7-17   图 7-18   图 7-19   图 7-20

步骤 3 按 Ctrl+I 组合键，弹出"导入"对话框。选择光盘中的"Ch07 > 素材 > 制作摄像机海报 > 02"文件，单击"导入"按钮，在页面中单击导入图片，拖曳图片到适当的位置并调整其大小，如图 7-21 所示。按 Ctrl+U 组合键，取消图形的组合，分别复制花瓣，拖曳花瓣到适当的位置并调整其大小，如图 7-22 所示。

图 7-21   图 7-22

CHAPTER 7

步骤 4 选择"文本 > 插入符号字符"命令，弹出"插入字符"对话框，在对话框中选择需要的字符，如图 7-23 所示。单击"插入"按钮插入字符，并调整其位置和大小，效果如图 7-24 所示。将字符填充为白色，并去除图形的轮廓线，效果如图 7-25 所示。

图 7-23　　　　　　图 7-24　　　　　　图 7-25

步骤 5 选择"交互式透明"工具，在属性栏中的"透明度类型"选项下拉列表中选择"标准"，"开始透明度"选项数值设置为 50，如图 7-26 所示。按 Enter 键，效果如图 7-27 所示。选择"挑选"工具，连续两次按数字键盘上的+键复制两个字符，并分别拖曳到适当的位置，效果如图 7-28 所示。

图 7-26　　　　　　图 7-27　　　　　　图 7-28

步骤 6 按 Ctrl+I 组合键，弹出"导入"对话框。选择光盘中的"Ch07 > 素材 > 制作摄像机海报 > 03"文件，单击"导入"按钮，在页面中单击导入图片，拖曳图片到适当的位置并调整其大小，如图 7-29 所示。

步骤 7 选择"文本"工具，在页面中输入文字。选择"挑选"工具，在属性栏中选择合适的字体并设置文字大小，填充字体为白色，效果如图 7-30 所示。选择"文本 > 插入符号字符"命令，弹出"插入字符"对话框，选择需要的字符图形，如图 7-31 所示，单击"插入"按钮插入字符，并调整其位置和大小，效果如图 7-32 所示。填充字符为白色，并去除图形的轮廓线，效果如图 7-33 所示。

图 7-29　　　　　　图 7-30

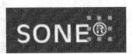

图 7-31　　　　　　　　　图 7-32　　　　　　　　　图 7-33

3. 添加文字并绘制装饰图形

步骤 1　选择"文本"工具 字，在页面中输入文字。选择"挑选"工具 ，在属性栏中选择合适的字体并设置文字大小，效果如图 7-34 所示。选择"文本"工具 字，选取需要的文字，在属性栏中选择合适的字体并设置文字大小，效果如图 7-35 所示。

图 7-34　　　　　　　　　图 7-35

步骤 2　按 F12 键，弹出"轮廓笔"对话框，在"颜色"选项中将轮廓线颜色设为黑色，其他选项的设置如图 7-36 所示。单击"确定"按钮，效果如图 7-37 所示。

图 7-36　　　　　　　　　　　　　图 7-37

步骤 3　选择"挑选"工具 ，按数字键盘上的+键复制一个文字。保持选取状态，按键盘上的上方向键微调位置，效果如图 7-38 所示。设置轮廓颜色的 CMYK 值为 0、60、100、0，并填充轮廓，效果如图 7-39 所示。选择"文本"工具 字，选取"全世界的"文字，填充文字为白色；选取"精彩"文字，设置文字颜色的 CMYK 值为 0、0、100、0，并填充文字，效果如图 7-40 所示。

步骤 4　选择"贝塞尔"工具 ，绘制一条曲线，如图 7-41 所示。选择"椭圆形"工具 ，按住 Ctrl 键绘制一个圆形，如图 7-42 所示。填充图形为白色，并去除图形的轮廓线，效果如

图 7-43 所示。选择"挑选"工具 选取圆形，在数字键盘上按+键复制一个圆形，拖曳圆形到适当的位置并调整其大小，如图 7-44 所示。

图 7-38 图 7-39 图 7-40

图 7-41 图 7-42 图 7-43 图 7-44

步骤 5 选择"交互式调和"工具 ，将光标从小圆拖曳到大圆上，为图形添加调和效果。在属性栏中进行设置，如图 7-45 所示。按 Enter 键，效果如图 7-46 所示。

图 7-45 图 7-46

步骤 6 选取调和图形，单击属性栏中的"路径属性"按钮 ，在下拉菜单中选择"新建路径"命令，如图 7-47 所示。鼠标的光标变为黑色的弯曲箭头，如图 7-48 所示，将弯曲箭头在曲线上单击，调和图形沿路径进行调和，并去除图形的轮廓线，效果如图 7-49 所示。

图 7-47 图 7-48 图 7-49

步骤 7 按 Ctrl+I 组合键，弹出"导入"对话框。选择光盘中的"Ch07＞ 素材 ＞制作摄像机海报 ＞ 04"文件，单击"导入"按钮，在页面中单击导入图片，拖曳图片到适当的位置并调整其大小，如图 7-50 所示。选择"文本"工具 ，在页面中输入文字。选择"挑选"工具 ，在属性栏中选择合适的字体并设置文字大小。设置文字颜色的 CMYK 值为 100、100、0、0，填充文字，效果如图 7-51 所示。

图 7-50 图 7-51

中等职业教育数字艺术类规划教材

步骤 8 选择"文本"工具 字，在页面中输入文字。选择"挑选"工具 ，在属性栏中选择合适的字体并设置文字大小，如图 7-52 所示。选择"矩形"工具 ，绘制一个矩形，效果如图 7-53 所示。选择"挑选"工具 ，再次单击矩形，使其处于旋转状态，拖曳右上角的控制手柄，将矩形旋转到需要的角度，如图 7-54 所示。设置矩形颜色的 CMYK 值为 0、100、0、0，填充矩形，并去除矩形的轮廓线，效果如图 7-55 所示。

| 图 7-52 | 图 7-53 | 图 7-54 | 图 7-55 |

步骤 9 选择"挑选"工具 选取矩形，按住 Ctrl 键，按住鼠标左键垂直向下拖曳矩形，并在适当的位置上单击鼠标右键，复制一个新的矩形，效果如图 7-56 所示。用同样的方法再复制一个矩形，效果如图 7-57 所示。摄像机海报制作完成，效果如图 7-58 所示。

| 图 7-56 | 图 7-57 | 图 7-58 |

7.1.4 【相关工具】

1. 插入字符

选择"文本"工具 字，在文本中需要的位置单击鼠标左键插入光标，如图 7-59 所示。选择"文本 > 插入符号字符"命令，或按 Ctrl+F11 组合键，弹出"插入字符"泊坞窗，在需要的字符上双击鼠标左键，或选中字符后单击"插入"按钮，如图 7-60 所示。字符插入到文本中，效果如图 7-61 所示。

| 图 7-59 | 图 7-60 | 图 7-61 |

2. 使用调和效果

交互式调和工具是 CorelDRAW X4 中应用最广泛的工具之一。制作出的调和效果可以在绘图对象间产生形状、颜色的平滑变化。

绘制两个需要制作调和效果的图形，如图 7-62 所示。选择"交互式调和"工具 ，将鼠标的光标放在左边的图形上，鼠标的光标变为 形状，按住鼠标左键并拖曳光标到右边的图形上，如图 7-63 所示。松开鼠标左键，两个图形的调和效果如图 7-64 所示。

图 7-62　　　　　　　　　　图 7-63　　　　　　　　　　图 7-64

"交互式调和"工具 的属性栏如图 7-65 所示。各选项的含义如下。

"步数或调和形状之间的偏移量"选项 20 ：可以设置调和的步数，效果如图 7-66 所示。

"调和方向"选项 0.0 ：可以设置调和的旋转角度，效果如图 7-67 所示。

图 7-65　　　　　　　　　　图 7-66　　　　　　　　　　图 7-67

"环绕调和"按钮 ：调和的图形除了自身旋转外，将同时以起点图形和终点图形的中间位置为旋转中心做旋转分布，如图 7-68 所示。

"顺时针调和"按钮 、"逆时针调和"按钮 ：设定调和对象之间颜色过渡的方向，效果如图 7-69 所示。

图 7-68　　　　　　　　　　图 7-69

"对象和颜色加速"按钮 ：调整对象和颜色的加速属性。单击此按钮弹出如图 7-70 所示的对话框，拖曳滑块到需要的位置，对象加速调和效果如图 7-71 所示，颜色加速调和效果如图 7-72 所示。

图 7-70　　　　　　　　　　图 7-71　　　　　　　　　　图 7-72

"加速调和时的大小调整"按钮 ：可以控制调和的加速属性。

"起始和结束对象属性"按钮 ：可以显示或重新设定调和的起始及终止对象。

"路径属性"按钮 ：使调和对象沿绘制好的路径分布。单击此按钮弹出如图 7-73 所示的菜单，选择"新建路径"选项，鼠标的光标变为 形状。在新绘制的路径上单击鼠标右键，如图 7-74 所示，沿路径进行调和的效果如图 7-75 所示。

"杂项调和选项"按钮 ：可以进行更多的调和设置。单击此按钮弹出如图 7-76 所示的菜单，"映射节点"按钮，可指定起始对象的某一点与终止对象的某一节点对应，以产生特殊的调和效果。"拆分"按钮，可将过渡对象分割成独立的对象，并可与其他对象再次进行调和。勾选"沿全路径调和"复选框，可以使调和对象自动充满整个路径。勾选"旋转全部对象"复选框，可以使调和对象的方向与路径一致。

| 图 7-73 | 图 7-74 | 图 7-75 | 图 7-76 |

3. 制作透明效果

使用"交互式透明"工具 可以制作出如均匀、渐变、图案和底纹等许多漂亮的透明效果。

绘制并填充两个图形，选择"挑选"工具 ，选择右侧的圆形，如图 7-77 所示。选择"交互式透明"工具 ，在属性栏中的"透明度类型"下拉列表中选择一种透明类型，如图 7-78 所示，圆形的透明效果如图 7-79 所示。用"挑选"工具 将圆形选中并拖放到左侧的图案上，透明效果如图 7-80 所示。

| 图 7-77 | 图 7-78 |

| 图 7-79 | 图 7-80 |

交互式透明属性栏中各选项的含义如下。

标准 、 正常 ：选择透明类型和透明样式。

"透明中心点"选项 50 ：拖曳滑块或直接输入数值，可以改变对象的透明度。

"透明目标"选项 全部 ：设置应用透明度到"填充"、"轮廓"或"全部"效果。

"冻结"按钮：进一步调整透明度。

"编辑透明度"按钮：打开"渐变透明度"对话框，可以对渐变透明度进行具体的设置。

"复制透明度属性"按钮：可以复制对象的透明效果。

"清除透明度"按钮：可以清除对象中的透明效果。

7.1.5　【实战演练】制作 MP3 宣传海报

使用矩形工具、交互式透明工具和图框精确剪裁命令制作背景效果。使用文本工具和轮廓笔命令添加标题文字。使用垂直镜像命令和交互式透明工具制作 MP3 投影效果。使用添加符号字符命令添加装饰图形。（最终效果参看光盘中的"Ch07 > 效果 > 制作 MP3 宣传海报"，如图 7-81 所示。）

图 7-81

7.2　制作比萨海报

7.2.1　【案例分析】

本案例是为某商店设计制作的比萨宣传海报，主要以体现比萨美味可口的特点为主。要求海报运用图片和宣传文字的设计，展现出比萨香浓的口感。

7.2.2　【设计理念】

在设计制作过程中，使用蓝色的背景与前方的旋转图形形成对比，构成动静结合的画面，突出前方的产品图片。放大的小块比萨图片展示出产品丰富多样的食材和美味可口的特点，引发人们的食欲。最后添加商店的相关信息，达到宣传的目的。（最终效果参看光盘中的"Ch07 > 效果 > 制作比萨海报"，见图 7-82。）

图 7-82

7.2.3　【操作步骤】

1.　制作背景效果

步骤 1　按 Ctrl+N 组合键，新建一个页面，在属性栏"纸张宽度和高度"选项中分别设置宽度为 210mm，高度为 285mm，按 Enter 键，页面尺寸显示为设置的大小。

步骤 2　双击"矩形"工具，绘制一个与页面大小相等的矩形，如图 7-83 所示。设置图形颜色的 CMYK 值为 73、15、0、0，填充图形，并去除图形的轮廓线，效果如图 7-84 所示。

图 7-83　　　　　　　　　　图 7-84

步骤 3 选择"星形"工具 ，在属性栏中进行设置，如图 7-85 所示。按住 Ctrl 键，拖曳光标绘制一个星形，效果如图 7-86 所示。设置图形颜色的 CMYK 值为 98、70、16、0，填充图形，并去除图形的轮廓线，效果如图 7-87 所示。

图 7-85　　　　　　　　　图 7-86　　　　　　　　　图 7-87

步骤 4 选择"变形"工具 ，在属性栏中单击"扭曲变形"按钮 ，在星形图形中从中间向外拖曳光标，如图 7-88 所示。松开鼠标左键，在属性栏中进行设置，如图 7-89 所示，按 Enter 键，效果如图 7-90 所示。

图 7-88　　　　　　　　　图 7-89　　　　　　　　　图 7-90

步骤 5 选择"位图 > 转换为位图"命令，在弹出的对话框中进行设置，如图 7-91 所示。单击"确定"按钮，效果如图 7-92 所示。

步骤 6 选择"位图 > 模糊 > 高斯式模糊"命令，在弹出的对话框中进行设置，如图 7-93 所示。单击"确定"按钮，效果如图 7-94 所示。

步骤 7 按 Ctrl+I 组合键，弹出"导入"对话框。选择光盘中的"Ch07 > 素材 > 制作比萨海报 > 01"文件，单击"导入"按钮，在页面中单击导入图片，将其拖曳到适当的位置，效果如图

7-95 所示。

图 7-91   图 7-92

图 7-93   图 7-94   图 7-95

步骤 8 选择"挑选"工具，用圈选的方法将需要的图形同时选取，如图 7-96 所示。选择"效果 > 图框精确剪裁 > 放置在容器中"命令，鼠标光标变为黑色箭头，在矩形框上单击，如图 7-97 所示。将图形置入背景中，效果如图 7-98 所示。

步骤 9 按 Ctrl+I 组合键，弹出"导入"对话框。选择光盘中的"Ch07> 素材 >制作比萨海报> 02"文件，单击"导入"按钮，在页面中单击导入图片，并将其拖曳到适当的位置，效果如图 7-99 所示。

图 7-96   图 7-97   图 7-98   图 7-99

2. 添加并编辑文字

步骤 1 选择"文本"工具，输入需要的文字。选择"挑选"工具，在属性栏中选取适当的字体并设置文字大小，填充文字为白色，效果如图 7-100 所示。选择"文本 > 段落格式化"命令,在弹出的面板中进行设置,如图 7-101 所示。按 Enter 键,效果如图 7-102 所示。

图 7-100

图 7-101

图 7-102

步骤 **2** 按 F12 键,弹出"轮廓笔"对话框。在"颜色"选项中设置轮廓线颜色的 CMYK 的值为 100、0、0、60,其他选项的设置如图 7-103 所示。按 Enter 键,效果如图 7-104 所示。

图 7-103

图 7-104

步骤 **3** 选择"文本"工具字,在页面中输入需要的文字。选择"挑选"工具,在属性栏中选择适当的字体并设置文字大小,填充文字为白色,效果如图 7-105 所示。

步骤 **4** 选择"交互式轮廓图"工具,在属性栏中将"填充色"选项颜色的 CMYK 的值设置为 100、0、0、60,其他选项的设置如图 7-106 所示。按 Enter 键,效果如图 7-107 所示。

图 7-105

图 7-106

图 7-107

步骤 `5` 选择"挑选"工具 ，用圈选的方法选取需要的文字，如图 7-108 所示。在属性栏中的"旋转角度"框 ⊙ 0.0 ° 中设置数值为 10，按 Enter 键，效果如图 7-109 所示。

图 7-108　　　　　　　　　　　　　　图 7-109

3. 添加装饰图形和文字

步骤 `1` 选择"椭圆形"工具 ，按住 Ctrl 键的同时，绘制一个圆形。填充图形为白色，并去除图形轮廓线，效果如图 7-110 所示。选择"挑选"工具 ，按数字键盘上的+键复制圆形。按住 Shift 键的同时，向中间拖曳复制图形右上角的控制手柄到适当的位置，等比例缩放图形的大小，效果如图 7-111 所示。

图 7-110　　　　　　　　　　　图 7-111

步骤 `2` 按 F12 键，弹出"轮廓笔"对话框，在"颜色"选项中将轮廓线颜色的 CMYK 值设为 100、98、48、7，其他选项的设置如图 7-112 所示。单击"确定"按钮，效果如图 7-113 所示。

图 7-112　　　　　　　　　　图 7-113

步骤 `3` 按 Ctrl+I 组合键，弹出"导入"对话框。选择光盘中的"Ch07 > 素材 > 制作比萨海报 > 03"文件，单击"导入"按钮，在页面中单击导入图片，并将其拖曳到适当的位置，效果如图 7-114 所示。

步骤 `4` 多次按 Ctrl+PageDown 组合键，将图片置后到适当的位置，效果如图 7-115 所示。

中等职业教育数字艺术类规划教材

图 7-114　　　　　　　图 7-115

步骤 5 选择"效果 > 图框精确剪裁 > 放置在容器中"命令，鼠标的光标变为黑色箭头形状，在圆形上单击，如图 7-116 所示。将图片置入到圆形中，效果如图 7-117 所示。

图 7-116　　　　　　　图 7-117

步骤 6 选择"挑选"工具，选取白色的圆形，如图 7-118 所示。选择"交互式阴影"工具，在图形上从中间向右侧拖曳光标，为图形添加阴影效果。在属性栏中进行设置，如图 7-119 所示。按 Enter 键，效果如图 7-120 所示。

图 7-118　　　　　图 7-119　　　　　图 7-120

步骤 7 选择"文本"工具，输入需要的文字。选择"挑选"工具，在属性栏中选取适当的字体并设置文字大小，填充文字为白色，效果如图 7-121 所示。

步骤 8 按 F12 键，弹出"轮廓笔"对话框。在"颜色"选项中将轮廓线颜色的 CMYK 值设为 100、98、48、7，其他选项的设置如图 7-122 所示，按 Enter 键，效果如图 7-123 所示。

步骤 9 选择"交互式轮廓图"工具，在文字上拖曳光标，为文字添加轮廓图效果。在属性栏中将"填充色"选项的 CMYK 的值设为 0、0、0、0，其他选项的设置如图 7-124 所示。按 Enter 键，效果如图 7-125 所示。选择"挑选"工具，在属性栏中的"旋转角度"框中设置数值为 7。按 Enter 键，效果如图 7-126 所示。

图 7-121

图 7-122

图 7-123

图 7-124

图 7-125

图 7-126

步骤 10 选择"矩形"工具 □，绘制一个矩形。设置图形颜色的 CMYK 值为 1、100、95、0，填充图形，并去除图形的轮廓线，效果如图 7-127 所示。按 Ctrl+I 组合键，弹出"导入"对话框。选择光盘中的"Ch07 > 素材 > 制作比萨海报 > 03"文件，单击"导入"按钮，在页面中单击导入图片，并将其拖曳到适当的位置，效果如图 7-128 所示。

图 7-127

图 7-128

步骤 11 选择"文本"工具 字，输入需要的文字，选择"选择"工具 □，在属性栏中选取适当的字体并设置文字大小，效果如图 7-129 所示。选择"文本 > 段落格式化"命令，在弹出的面板中进行设置，如图 7-130 所示。按 Enter 键，效果如图 7-131 所示。

图 7-129

图 7-130

图 7-131

步骤 12 选择"挑选"工具 🖢，按数字键盘上的+键复制文字，并填充文字为白色，效果如图 7-132 所示。按住 Shift 键的同时，垂直向下拖曳复制的文字到适当的位置，效果如图 7-133 所示。比萨海报制作完成，效果如图 7-134 所示。

图 7-132　　　　　　　　　　　图 7-133　　　　　　　　　　图 7-134

7.2.4 【相关工具】

1. 精确剪裁效果

打开一个图形，再绘制一个图形作为容器对象。使用"挑选"工具 🖢，选中要用来内置的图形，效果如图 7-135 所示。

图 7-135

选择"效果 > 图框精确剪裁 > 放置在容器中"命令，鼠标的光标变为黑色箭头，将箭头放在容器对象内并单击鼠标左键，如图 7-136 所示。完成的精确剪裁对象效果如图 7-137 所示。内置图形的中心和容器对象的中心是重合的。

图 7-136　　　　　　　　　　　　　　　　　　图 7-137

选择"效果 > 图框精确剪裁 > 提取内容"命令，可以将容器对象内的内置位图提取出来。选择"效果 > 图框精确剪裁 > 编辑内容"命令，可以修改内置对象。选择"效果 > 图框精确剪裁 > 完成编辑这一级"命令，完成内置位图的重新选择。选择"效果 > 复制效果 > 精确剪裁自"命令，鼠标的光标变为黑色箭头，将箭头放在精确剪裁对象上并单击鼠标左键，可复制内置对象。

2. 调整亮度、对比度和强度

打开一个图形，如图 7-138 所示。选择"效果 > 调整 > 亮度/对比度/强度"命令，或按 Ctrl+B 组合键，弹出"亮度/对比度/强度"对话框，用光标拖曳滑块可以设置各项的数值，如图 7-139 所示。调整好后，单击"确定"按钮，图形色调的调整效果如图 7-140 所示。

图 7-138　　　　　　　图 7-139　　　　　　　图 7-140

"亮度"选项：可以调整图形颜色的深浅变化，也就是增加或减少所有像素值的色调范围。

"对比度"选项：可以调整图形颜色的对比，也就是调整最浅和最深像素值之间的差。

"强度"选项：可以调整图形浅色区域的亮度，同时不降低深色区域的亮度。

"预览"按钮：可以预览色调的调整效果。

"重置"按钮：可以重新调整色调。

3. 调整颜色通道

打开一个图形，效果如图 7-141 所示。选择"效果 > 调整 > 颜色平衡"命令，或按 Ctrl+Shift+B 组合键，弹出"颜色平衡"对话框，用光标拖曳滑块可以设置各项的数值，如图 7-142 所示。调整好后，单击"确定"按钮，图形色调的调整效果如图 7-143 所示。

图 7-141　　　　　　　图 7-142　　　　　　　图 7-143

4. 调整色调、饱和度和亮度

打开一个要调整色调的图形，如图 7-144 所示。选择"效果 > 调整 > 色度/饱和度/光度"命令，或按 Ctrl+Shift+U 组合键，弹出"色度/饱和度/光度"对话框，用光标拖曳滑块可以设置其数值，如图 7-145 所示。调整好后，单击"确定"按钮，图形色调的调整效果如图 7-146 所示。

"通道"选项组：可以选择要调整的主要颜色。

"色度"选项：可以改变图形的颜色。

"饱和度"选项：可以改变图形颜色的深浅程度。

"光度"选项：可以改变图形的明暗程度。

图 7-144

图 7-145

图 7-146

7.2.5 【实战演练】制作打印机宣传海报

使用图框精确剪裁命令将背景图片置入到矩形中。使用艺术笔工具绘制出气泡图形。使用轮廓图工具为文字添加轮廓效果。使用文本工具和椭圆形工具添加介绍性文字。（最终效果参看光盘中的"Ch07 > 效果 > 制作打印机宣传海报"，见图 7-147。）

图 7-147

7.3 综合演练——制作数码相机宣传海报

使用矩形工具、椭圆工具、调和工具和图框精确剪裁命令制作背景。使用椭圆工具、合并命令和移除前面对象制作镜头图形。使用透明度工具制作剪切图形的透明效果。使用文本工具添加相关信息。（最终效果参看光盘中的"Ch07 > 效果 > 制作数码相机宣传海报"，见图 7-148。）

图 7-148

7.4　综合演练——制作手机海报

　　使用贝塞尔工具绘制装饰图形。使用文本工具添加标题文字。使用轮廓笔命令、渐变填充工具和阴影工具制作标题文字效果。使用文本工具、贝塞尔工具和使文本适合路径命令制作文字按路径排列效果。使用立体化工具制作文字的立体效果。（最终效果参看光盘中的"Ch07 ＞ 效果 ＞ 制作手机海报"，见图 7-149。）

图 7-149

第8章 广告设计

广告以多样的形式出现在城市中，是城市商业发展的写照。广告通过电视、报纸、霓虹灯等媒体来发布。好的户外广告要强化视觉冲击力，抓住观众的视线。本章以多种题材的广告为例，讲解广告的设计方法和制作技巧。

 课堂学习目标

- 了解广告的概念
- 了解广告的本质和功能
- 掌握广告的设计思路和过程
- 掌握广告的制作方法和技巧

8.1 制作面包广告

8.1.1 【案例分析】

本案例是为某面包房介绍特价商品设计制作的广告。在广告设计上要求合理运用图片和宣传文字，通过新颖独特的设计手法展示出特价商品的特色。

8.1.2 【设计理念】

在设计制作过程中，通过白色的背景给人整洁干净的印象，使人们对产品产生信赖感。采用左右对称的产品图片使画面稳定协调，同时展示出宣传的主体。植物图片的添加展示出健康自然的经营特色。最后使用宣传文字点明主题。整体设计简洁鲜明、自然大方。（最终效果参看光盘中的"Ch08 > 效果 > 制作面包广告"，见图8-1。）

图 8-1

8.1.3　【操作步骤】

1. 添加并编辑图片和装饰图形

步骤 1　按 Ctrl+N 组合键，新建一个页面。在属性栏中将"纸张宽度和高度"选项中分别设置宽度为 400mm，高度为 170mm，按 Enter 键，页面尺寸显示为设置的大小。双击"矩形"工具▢，绘制一个与页面大小相等的矩形，如图 8-2 所示。

步骤 2　按 Ctrl+I 组合键，弹出"导入"对话框。选择光盘中的"Ch08 > 素材 > 制作饮食宣传单 > 01"文件，单击"导入"按钮，在页面中单击导入图片，拖曳到适当的位置并调整其大小，效果如图 8-3 所示。

图 8-2　　　　　　　　　　　　　　　　图 8-3

步骤 3　选择"挑选"工具▯，单击属性栏中的"水平镜像"按钮▥，水平翻转图片，效果如图 8-4 所示。按 Ctrl+I 组合键，弹出"导入"对话框。选择光盘中的"Ch08 > 素材 > 制作面包广告 > 02"文件，单击"导入"按钮，在页面中单击导入图片，拖曳到适当的位置并调整其大小，效果如图 8-5 所示。选择"挑选"工具▯，按数字键盘上的+键复制图形，并调整其位置和大小，效果如图 8-6 所示。

图 8-4

图 8-5　　　　　　　　　　　　　图 8-6

步骤 4　选择"交互式透明"工具▯，在属性栏中进行设置，如图 8-7 所示。按 Enter 键，效果如图 8-8 所示。选择"挑选"工具▯，再次单击图形，使其处于旋转状态，向下拖曳图形右上角的控制手柄到适当的位置，效果如图 8-9 所示。

图 8-7　　　　　　　　　　图 8-8　　　　　　　　　　图 8-9

步骤 5 选择"挑选"工具 ，将需要的图形同时选取。按 Ctrl+G 组合键将其群组，如图 8-10 所示。选择"效果 > 图框精确剪裁 > 放置在容器中"命令，鼠标光标变为黑色箭头，在矩形框上单击，如图 8-11 所示。将图片置入矩形框中，效果如图 8-12 所示。

图 8-10

图 8-11　　　　　　　　　　　　　　图 8-12

步骤 6 选择"挑选"工具 ，选取需要的图形，如图 8-13 所示。选择"交互式透明"工具 ，在图片上从下向上拖曳光标，为图形添加透明效果，在属性栏中进行设置，如图 8-14 所示。按 Enter 键，效果如图 8-15 所示。

图 8-13　　　　　　　　　　图 8-14　　　　　　　　　　图 8-15

步骤 7 选择"矩形"工具 ，绘制一个矩形，设置图形颜色的 CMYK 值为 0、80、100、0，填充图形，并去除图形的轮廓线，效果如图 8-16 所示。选择"挑选"工具 ，按数字键盘上的+键复制图形，向左拖曳图形右侧中间的控制手柄到适当的位置，设置图形颜色的 CMYK 值为 0、60、100、0，填充图形，效果如图 8-17 所示。

图 8-16   图 8-17

步骤 8 用相同的方法复制两个矩形，并分别填充图形的 CMYK 值颜色为（0、40、100、0）和（0、20、100、0），效果如图 8-18 所示。选择"挑选"工具 ⬚，将 4 个矩形同时选取，按 Shift+PageDown 组合键将其置于最底层，效果如图 8-19 所示。

图 8-18   图 8-19

步骤 9 选择"椭圆形"工具 ⬭ 和"矩形"工具 ⬚，在适当的位置分别绘制圆形和矩形，如图 8-20 所示。选择"挑选"工具 ⬚，将 3 个图形同时选取，单击属性栏中的"移除前面对象"按钮 ⬚，效果如图 8-21 所示。设置图形颜色的 CMYK 值为 0、60、100、0，填充图形。设置轮廓线颜色的 CMYK 值为 0、80、100、0，填充轮廓线，将属性栏中的"轮廓宽度" .2 mm 设置为 1.5mm，效果如图 8-22 所示。

图 8-20   图 8-21   图 8-22

步骤 10 按 Ctrl+I 组合键，弹出"导入"对话框。选择光盘中的"Ch08 > 素材 > 制作面包广告 > 02"文件，单击"导入"按钮，在页面中单击导入图片，拖曳到适当的位置并调整其大小，如图 8-23 所示。单击属性栏中的"水平镜像"按钮 ⬚，水平翻转图片，效果如图 8-24 所示。

步骤 11 按 Ctrl+PageDown 组合键将其后移一层，效果如图 8-25 所示。选择"效果 > 图框精确剪裁 > 放置在容器中"命令，鼠标光标变为黑色箭头，在剪切的图形上单击，将图片置入剪切图形中，效果如图 8-26 所示。

图 8-23   图 8-24   图 8-25   图 8-26

步骤 12 选择"贝塞尔"工具 ⬚，绘制一条曲线，将其填充为白色，并将属性栏中的"轮廓宽度"⚬ 0.2 mm ▾设置为 1，效果如图 8-27 所示。选择"位图 > 转换为位图"命令，在弹出的对话框中进行设置，如图 8-28 所示。单击"确定"按钮，效果如图 8-29 所示。

图 8-27   图 8-28   图 8-29

步骤 13 选择"位图 > 模糊 > 高斯式模糊"命令，在弹出的对话框中进行设置，如图 8-30 所示。单击"确定"按钮，效果如图 8-31 所示。

图 8-30   图 8-31

步骤 14 选择"交互式透明"工具 ▨，在图片上由上向下拖曳光标，为图形添加透明效果，在属性栏中进行设置，如图 8-32 所示。按 Enter 键，效果如图 8-33 所示。用相同的方法制作其他图形，效果如图 8-34 所示。

图 8-32   图 8-33   图 8-34

2. 制作宣传文字

步骤 1 选择"文本"工具 ▨，在页面中分别输入需要的文字。选择"挑选"工具 ▨，在属性栏中分别选取适当的字体并设置文字大小，效果如图 8-35 所示。选取下方的文字，选择"形状"工具 ▨，向下拖曳文字下方的 ⬇ 图标到适当的位置，调整文字的行距，松开鼠标并取消选取状态，效果如图 8-36 所示。

图 8-35

图 8-36

步骤 2 选择"挑选"工具 ，选取上方的两行文字，设置文字颜色的 CMYK 值为 0、100、100、0，填充文字；选取下方的两行文字，设置文字颜色的 CMYK 值为 0、60、100、0，填充文字，效果如图 8-37 所示。

图 8-37

步骤 3 选择"挑选"工具 ，选取需要的文字。按 F12 键，弹出"轮廓笔"对话框，将"颜色"选项的 CMYK 值设为 0、40、20、0，其他选项的设置如图 8-38 所示。单击"确定"按钮，效果如图 8-39 所示。

图 8-38

一个充满甜蜜、爱意的家园

图 8-39

步骤 4 选择"交互式阴影"工具 ，在文字上从中心向左下方拖曳光标，为图形添加阴影效果，在属性栏中进行设置，如图 8-40 所示。按 Enter 键，效果如图 8-41 所示。

图 8-40

一个充满甜蜜、爱意的家园

图 8-41

步骤 5 选择"文本"工具 ，在页面中输入需要的文字。选择"挑选"工具 ，在属性栏中选取适当的字体并分别设置文字大小，填充文字为白色，效果如图 8-42 所示。选择"位图 > 转换为位图"命令，在弹出的对话框中进行设置，如图 8-43 所示。单击"确定"按钮，效果如图 8-44 所示。

图 8-42　　　　　　　　　　图 8-43　　　　　　　　　　图 8-44

步骤 6 　选择"位图 > 三维效果 > 透视"命令，在弹出的对话框中进行设置，如图 8-45 所示。单击"确定"按钮，效果如图 8-46 所示。选择"挑选"工具 ，拖曳图片到适当的位置。效果如图 8-47 所示。面包广告制作完成。

图 8-45　　　　　　　　　　　　　　　　　图 8-46

图 8-47

8.1.4 【相关工具】

　　CorelDRAW X4 提供了多种滤镜，可以对位图进行各种效果的处理。灵活使用位图的滤镜，可以为设计的作品增色不少。下面具体介绍滤镜的使用方法。

◎ 三维效果

　　选取导入的位图，如图 8-48 所示。选择"位图 > 三维效果"子菜单下的命令，如图 8-49 所示。CorelDRAW X4 提供了 7 种不同的三维效果，下面介绍几种常用的三维效果。

图 8-48　　　　　　　　　　　　图 8-49

选择"位图 > 三维效果 > 三维旋转"命令，弹出"三维旋转"对话框，单击对话框中的回按钮，显示对照预览窗口，如图 8-50 所示，左窗口显示的是位图原始效果，右窗口显示的是完成各项设置后的位图效果。

在"三维旋转"对话框中，"垂直"选项可以设置绕垂直轴旋转的角度。"水平"选项可以设置绕水平轴旋转的角度。勾选"最适合"复选框，经过三维旋转后的位图尺寸将接近原来的位图尺寸。在设置过程中，可以单击"重置"按钮对所有参数重新设置。单击🔒按钮可以在改变设置时自动更新预览效果。设置完成后，单击"确定"按钮。

选择"位图 > 三维效果 > 浮雕"命令，弹出"浮雕"对话框，单击对话框中的回按钮，显示对照预览窗口，如图 8-51 所示。

在"浮雕"对话框中，"深度"选项可以控制浮雕效果的深度。"层次"选项可以控制浮雕的效果。数值越大，浮雕效果越明显。"方向"选项用来设置浮雕效果的方向。

在"浮雕色"设置区中可以选择转换成浮雕效果后的颜色样式。选取"原始颜色"选项，将不改变原来的颜色效果；选取"灰色"选项，位图转换后将变成灰度效果。选取"黑色"选项，位图转换后将变成黑白效果。选取"其他"选项，在后面的颜色框中单击鼠标左键，可以在弹出的调色板中选择需要的浮雕颜色。

图 8-50　　　　　　　　　　　　图 8-51

 提　示　在对话框中的左预览窗口中用鼠标左键单击可以放大位图，用右键单击可以缩小位图，按住 Ctrl 键，同时在左预览窗口中单击鼠标左键，可以显示整张位图。

选择"位图 > 三维效果 > 卷页"命令，弹出"卷页"对话框，单击对话框中的回按钮，显示对照预览窗口，如图 8-52 所示。

"卷页"对话框的左下角有 4 个卷页类型按钮，可以设置位图卷起页角的位置。在"定向"设置区中选择"垂直的"和"水平的"两个单选项，可以设置卷页效果从哪一边缘卷起。在"纸张"设置区中，"不透明"和"透明的"两个单选项可以设置卷页部分是否透明。在"颜色"设置区中，"卷曲"选项可以设置卷页颜色，"背景"选项可以设置卷页后面的背景颜色。"宽度"和"高度"选项可以设置卷页的宽度和高度。

选择"位图 > 三维效果 > 透视"命令，弹出"透视"对话框，单击对话框中的回按钮，显示对照预览窗口，如图 8-53 所示。

在"透视"对话框中的"类型"设置区中，可以选择"透视"或"剪切"选项，在左下角的显示框中用鼠标拖动控制点，可以设置透视效果的方向和深度。勾选"最适合"复选框，经过透视处理后的位图尺寸将接近原来的位图尺寸。

图 8-52

图 8-53

◎ 艺术笔触

选中位图，选择"位图 > 艺术笔触"子菜单下的命令，如图 8-54 所示。CorelDRAW X4 提供了 14 种不同的艺术笔触效果，下面介绍常用的几种艺术笔触。

选择"位图 > 艺术笔触 > 炭笔画"命令，弹出"炭笔画"对话框，单击对话框中的回按钮，显示对照预览窗口，如图 8-55 所示。

在"炭笔画"对话框中，"大小"和"边缘"选项可以设置位图炭笔画的像素大小和黑白度。

选择"位图 > 艺术笔触 > 蜡笔画"命令，弹出"蜡笔画"对话框，单击对话框中的回按钮，显示对照预览窗口，如图 8-56 所示。

在"蜡笔画"对话框中，"大小"选项可以设置位图的粗糙程度。"轮廓"选项可以设置位图的轮廓显示的轻重程度。

图 8-54

图 8-55

图 8-56

选择"位图 > 艺术笔触 > 木版画"命令，弹出"木版画"对话框，单击对话框中的回按钮，显示对照预览窗口，如图 8-57 所示。

在"木版画"对话框中的"刮痕至"设置区中，可以选择"颜色"或"白色"选项，会得到不同的位图木版画效果。"密度"选项可以设置位图木版画效果中线条的密度。"大小"选项可以设置位图木版画效果中线条的尺寸。

选择"位图 > 艺术笔触 > 素描"命令，弹出"素描"对话框，单击对话框中的回按钮，显示对照预览窗口，如图 8-58 所示。

在"素描"对话框中的"铅笔类型"设置区中，可以选择"石墨"或"颜色"类型，不同的类型可以产生不同的位图素描效果。"样式"选项可以设置石墨或彩色素描效果的平滑度。"铅"选项可以设置素描效果的精细和粗糙程度。"轮廓"选项可以设置素描效果的轮廓线宽度。

图 8-57

图 8-58

◎ **模糊**

选中位图，选择"位图 > 模糊"子菜单下的命令，如图 8-59 所示。CorelDRAW X4 提供了 9 种不同的模糊效果，下面介绍几种常用的模糊效果。

选择"位图 > 模糊 > 高斯式模糊"命令，弹出"高斯式模糊"对话框，单击对话框中的回按钮，显示对照预览窗口，如图 8-60 所示。

在"高斯式模糊"对话框中，"半径"选项可以设置高斯模糊的程度。

选择"位图 > 模糊 > 放射式模糊"命令，弹出"放射状模糊"对话框，单击对话框中的回按钮，显示对照预览窗口，如图 8-61 所示。

在"放射状模糊"对话框中，单击田按钮，然后在左边的位图预览窗口中单击鼠标左键，可以设置放射状模糊效果变化的中心。

图 8-59

图 8-60

图 8-61

◎ 颜色变换

选中位图，选择"位图 > 颜色变换"子菜单下的命令，如图 8-62 所示。CorelDRAW X4 提供了 4 种不同的颜色变换效果，下面介绍其中两种常用的颜色变换效果。

选择"位图 > 颜色变换 > 半色调"命令，弹出"半色调"对话框，单击对话框中的回按钮，显示对照预览窗口，如图 8-63 所示。

在"半色调"对话框中，"青、品红、黄、黑"选项可以设定颜色通道的网角值。"最大点半径"选项可以设定网点的大小。

选择"位图 > 颜色变换 > 曝光"命令，弹出"曝光"对话框，单击对话框中的回按钮，显示对照预览窗口，如图 8-64 所示。

在"曝光"对话框中，"层次"选项可以设定曝光的强度，数量大，曝光过度；反之，则曝光不足。

图 8-62

图 8-63

图 8-64

◎ 轮廓图

选中位图，选择"位图 > 轮廓图"子菜单下的命令，如图 8-65 所示。CorelDRAW X4 提供了 3 种不同的轮廓图效果，下面介绍其中两种常用的轮廓图效果。

选择"位图 > 轮廓图 > 边缘检测"命令，弹出"边缘检测"对话框，单击对话框中的回按钮，显示对照预览窗口，如图 8-66 所示。

图 8-65

在"边缘检测"对话框中，"背景色"选项用来设定图像的背景颜色为白色、黑色或其他颜色。单击按钮，可以在左侧的位图预览窗口中吸取背景色。"灵敏度"选项可以设定探测边缘的灵敏度。

选择"位图 > 轮廓图 > 查找边缘"命令，弹出"查找边缘"对话框，单击对话框中的回按钮，显示对照预览窗口，如图 8-67 所示。

在"查找边缘"对话框中，"边缘类型"选项有"软"和"纯色"两种类型，选择不同的类型，会得到不同的效果。"层次"选项可以设定效果的纯度。

图 8-66   图 8-67

◎ **创造性**

选中位图，选择"位图 > 创造性"子菜单下的命令，如图 8-68 所示。CorelDRAW X4 提供了 14 种不同的创造性效果，下面介绍几种常用的创造性效果。

选择"位图 > 创造性 > 框架"命令，弹出"框架"对话框，单击对话框中的回按钮，显示对照预览窗口，如图 8-69 所示。

在"框架"对话框中，"选择"选项卡用来选择框架，并为选取的列表添加新框架。"修改"选项卡用来对框架进行修改。"颜色、不透明度"选项用来设定框架的颜色和透明度。"模糊/羽化"选项用来设定框架边缘的模糊及羽化程度。"调和"选项用来选择框架与图像之间的混合方式。"水平、垂直"选项用来设定框架的大小比例。"旋转"选项用来设定框架的旋转角度。"翻转"按钮用来将框架垂直或水平翻转。"对齐"按钮用来在图像窗口中设定框架效果的中心点。"回到中心位置"按钮用来在图像窗口中重新设定中心点。

选择"位图 > 创造性 > 马赛克"命令，弹出"马赛克"对话框，单击对话框中的回按钮，显示对照预览窗口，如图 8-70 所示。

在"马赛克"对话框中，"大小"选项可以设置马赛克显示的大小。"背景色"可以设置马赛克的背景颜色。"虚光"复选框为马赛克图像添加模糊的羽化框架。

图 8-68   图 8-69   图 8-70

选择"位图 > 创造性 > 彩色玻璃"命令，弹出"彩色玻璃"对话框，单击对话框中的回按钮，显示对照预览窗口，如图 8-71 所示。

在"彩色玻璃"对话框中，"大小"选项设定彩色玻璃块的大小。"光源强度"选项设定彩色玻璃的光源强度。强度越小，显示越暗，强度越大，显示越亮。"焊接宽度"选项设定玻璃块焊接处的宽度。"焊接颜色"选项设定玻璃块焊接处的颜色。"三维照明"复选框显示彩色玻璃图像的三维照明效果。

选择"位图 > 创造性 > 虚光"命令，弹出"虚光"对话框，单击对话框中的回按钮，显示对照预览窗口，如图 8-72 所示。

在"虚光"对话框中，"颜色"设置区设定光照的颜色。"形状"设置区用来设定光照的形状。"偏移"选项用来设定框架的大小。"褪色"选项用来设定图像与虚光框架的混合程度。

图 8-71   图 8-72

◎ 扭曲

选中位图，选择"位图 > 扭曲"子菜单下的命令，如图 8-73 所示。CorelDRAW X4 提供了10 种不同的扭曲效果，下面介绍几种常用的扭曲效果。

选择"位图 > 扭曲 > 块状"命令，弹出"块状"对话框，单击对话框中的回按钮，显示对照预览窗口，如图 8-74 所示。

在"块状"对话框中，"未定义区域"设置区可以设定背景部分的颜色。"块宽度、块高度"选项用来设定块状图像的尺寸大小。"最大偏移"选项用来设定块状图像的打散程度。

选择"位图 > 扭曲 > 置换"命令，弹出"置换"对话框，单击对话框中的回按钮，显示对照预览窗口，如图 8-75 所示。

在"置换"对话框中，"缩放模式"设置区可以选择"平铺"或"伸展适合"两种模式。单击[ ]按钮可以选择置换的图形。

图 8-73   图 8-74   图 8-75

选择"位图 > 扭曲 > 像素"命令，弹出"像素"对话框，单击对话框中的回按钮，显示对照预览窗口，如图 8-76 所示。

在"像素"对话框中，"像素化模式"设置区选择像素化模式。当选择"射线"模式时，可以在预览窗口中设定像素化的中心点。"宽度、高度"选项用来设定像素色块的大小。"不透明度"选项用来设定像素色块的不透明度，数值越小，色块就越透明。

选择"位图 > 扭曲 > 龟纹"命令，弹出"龟纹"对话框，单击对话框中的回按钮，显示对照预览窗口，如图 8-77 所示。

在"龟纹"对话框中，在"周期、振幅"选项中，默认的波纹是同图像的顶端和底端平行的。拖动滑块，可以设定波纹的周期和振幅，在右边可以看到波纹的形状。

图 8-76   图 8-77

◎ **杂点**

选取位图，选择"位图 > 杂点"子菜单下的命令，如图 8-78 所示。CorelDRAW X4 提供了 6 种不同的杂点效果，下面介绍几种常见的杂点滤镜效果。

选择"位图 > 杂点 > 添加杂点"命令，弹出"添加杂点"对话框，单击对话框中的回按钮，显示对照预览窗口，如图 8-79 所示。

在"添加杂点"对话框中，"杂点类型"选项设定要添加的杂点类型，有高斯式、尖突和均匀 3 种类型。高斯式杂点类型沿着高斯曲线添加杂点；尖突杂点类型比高斯式杂点类型添加的杂点少，常用来生成较亮的杂点区域；均匀杂点类型可在图像上相对地添加杂点。"层次、密度"选项可以设定杂点对颜色及亮度的影响范围及杂点的密度。"颜色模式"选项用来设定杂点的模式，在颜色下拉列表框中可以选择杂点的颜色。

选择"位图 > 杂点 > 去除龟纹"命令，弹出"去除龟纹"对话框，单击对话框中的回按钮，显示对照预览窗口，如图 8-80 所示。

在"去除龟纹"对话框中，"数量"选项用来设定龟纹的数量。"优化"设置区有"速度"和"质量"两个选项。"输出"选项用来设定新的图像分辨率。

图 8-78   图 8-79   图 8-80

◎ 鲜明化

选中位图，选择"位图 > 鲜明化"子菜单下的命令，如图 8-81 所示。CorelDRAW X4 提供了 5 种不同的鲜明化效果，下面介绍几种常见的鲜明化滤镜效果。

选择"位图 > 鲜明化 > 高通滤波器"命令，弹出"高通滤波器"对话框，单击对话框中的回按钮，显示对照预览窗口，如图 8-82 所示。

在"高通滤波器"对话框中，"百分比"选项用来设定滤镜效果的程度。"半径"选项用来设定应用效果的像素范围。

选择"位图 > 鲜明化 > 非鲜明化遮罩"命令，弹出"非鲜明化遮罩"对话框，单击对话框中的回按钮，显示对照预览窗口，如图 8-83 所示。

在"非鲜明化遮罩"对话框中，"百分比"选项可以设定滤镜效果的程度。"半径"选项可以设定应用效果的像素范围。"阈值"选项可以设定锐化效果的强弱，数值越小，效果就越明显。

图 8-81

图 8-82

图 8-83

8.1.5 【实战演练】制作播放器广告

使用文本工具和轮廓笔命令制作标题文字效果。使用矩形工具、椭圆形工具、渐变填充对话框工具和交互式透明工具制作装饰图形。使用文本工具添加文字。（最终效果参看光盘中的"Ch08 > 效果 > 制作演唱会海报"，见图 8-84。）

图 8-84

8.2　制作手机广告

8.2.1 【案例分析】

本案例是为某手机公司设计制作的新品推广广告，主要以介绍产品的新功能为主，在设计上要求能体现出产品时尚现代的造型和极具特色的新功能。

8.2.2 【设计理念】

在设计制作过程中，浅色的背景图片展示出一片生活的气息，揭示出产品与生活息息相关的特点，起到反衬的效果。添加手机图片在展示宣传产品的同时，丰富了画面颜色，给人时尚和现代感。使用文字和表格介绍产品的新功能，醒目直观、宣传性强。（最终效果参看光盘中的"Ch08 > 效果 > 制作手机广告"，见图 8-85。）

图 8-85

8.2.3 【操作步骤】

步骤 `1` 按 Ctrl+N 组合键，新建一个 A4 页面。单击属性栏中的"横向"按钮，页面显示为横向页面。按 Ctrl+I 组合键，弹出"导入"对话框。选择光盘中的"Ch08 > 素材 > 制作手机广告 > 01"文件，单击"导入"按钮，在页面中单击导入图片，按 P 键，图片在页面居中对齐，效果如图 8-86 所示。

步骤 `2` 选择"文本"工具，在页面中适当的位置输入需要的文字，选择"挑选"工具，在属性栏中选择合适的字体并设置文字大小，效果如图 8-87 所示。在"CMYK 调色板"中的"白"色块上单击鼠标左键，填充文字。

图 8-86

图 8-87

步骤 `3` 选择"交互式阴影"工具，在文字对象上由上至下拖曳光标，为图形添加阴影效果，在属性栏中的设置如图 8-88 所示。按 Enter 键，效果如图 8-89 所示。

图 8-88

图 8-89

步骤 `4` 选择"文本"工具，在页面中适当的位置输入需要的文字，选择"挑选"工具，在属性栏中选择合适的字体并设置文字大小，在"CMYK 调色板"中的"霓虹粉"色块上单击鼠标左键，填充文字，效果如图 8-90 所示。选择"形状"工具，向左拖曳文字下方的图标，调整文字的间距，效果如图 8-91 所示。

图 8-90

图 8-91

步骤 5 选择"交互式阴影"工具 □，在文字上从上向下拖曳光标，为图形添加阴影效果。在属性栏中的设置如图 8-92 所示。按 Enter 键，效果如图 8-93 所示。使用上述所讲的方法输入需要的文字并添加阴影效果，如图 8-94 所示。

图 8-92

图 8-93

图 8-94

步骤 6 选择"表格"工具 □，在属性栏中进行设置，如图 8-95 所示。在页面中拖曳光标绘制表格，如图 8-96 所示。

图 8-95

图 8-96

步骤 7 将光标放置在表格的左上角，当光标变为 ↘ 图标时，单击鼠标选取整个表格，如图 8-97 所示。在属性栏中单击"页边距"按钮，在弹出的面板中将"单元格边距宽度"设为 0，如图 8-98 所示。按 Enter 键完成操作。

图 8-97

图 8-98

步骤 8 选择"文本"工具 字，在属性栏中设置适当的字体和文字大小。选择"文本 > 段落格式化"命令，弹出"段落格式化"面板，设置如图 8-99 所示。将文字工具置于表格第一行第一列，出现蓝色线时，如图 8-100 所示，单击插入光标，如图 8-101 所示，输入需要的文字，如图 8-102 所示。

图 8-99   图 8-100

图 8-101   图 8-102

步骤 **9** 将光标置于第一行第二列单击，插入光标，输入需要的文字，如图 8-103 所示。用相同的方法在其他单元格单击，输入需要的文字，效果如图 8-104 所示。

主屏尺寸	4.3英寸	操作系统	Android OS2.3
触摸屏	电容屏，多点触控	GPU型号	高通Android220
主屏分辨率	960x540像素	机身内存	768MB RAW
网络类型	单卡双模	电池容量	1730mAh
网络模式	GSM，WCDMA	机身颜色	黑色，白色

图 8-103   图 8-104

步骤 **10** 选择"表格"工具 ⊞，在第一行第一列单击插入光标，将光标置于第一列右侧的边框线上，光标变为 ↔ 图标，如图 8-105 所示。向左拖曳边框线到适当的位置，如图 8-106 所示，松开鼠标，效果如图 8-107 所示。使用相同的方法适当的调整其他边框线，效果如图 8-108 所示。

主屏尺寸	4.3英寸	操作系统	Android OS2.3
触摸屏	电容屏、多点触控	GPU型号	高通Android220
主屏分辨率	960x540像素	机身内存	768MB RAW
网络类型	单卡双模	电池容量	1730mAh
网络模式	GSM，WCDMA	机身颜色	黑色，白色

图 8-105

主屏尺寸	4.3英寸	操作系统	Android OS2.3
触摸屏	电容屏、多点触控	GPU型号	高通Android220
主屏分辨率	960x540像素	机身内存	768MB RAW
网络类型	单卡双模	电池容量	1730mAh
网络模式	GSM，WCDMA	机身颜色	黑色，白色

图 8-106

主屏尺寸	4.3英寸	操作系统	Android OS2.3
触摸屏	电容屏，多点触控	GPU型号	高通Android220
主屏分辨率	960x540像素	机身内存	768MB RAW
网络类型	单卡双模	电池容量	1730mAh
网络模式	GSM，WCDMA	机身颜色	黑色，白色

图 8-107

主屏尺寸	4.3英寸	操作系统	Android OS2.3
触摸屏	电容屏，多点触控	GPU型号	高通Android220
主屏分辨率	960x540像素	机身内存	768MB RAW
网络类型	单卡双模	电池容量	1730mAh
网络模式	GSM，WCDMA	机身颜色	黑色，白色

图 8-108

中
等
职
业
教
育
数
字
艺
术
类
规
划
教
材

步骤 11 在第一行第一列单击插入光标，按住 Ctrl 键的同时，拖曳鼠标选取需要的单元格，如图 8-109 所示。在"CMYK 调色板"中的"50%黑"色块上单击鼠标左键，填充单元格，效果如图 8-110 所示。

图 8-109   图 8-110

步骤 12 在第一行第二列单击插入光标，按住 Ctrl 键的同时，拖曳鼠标选取需要的单元格，如图 8-111 所示。在"CMYK 调色板"中的"10%黑"色块上单击鼠标左键，填充单元格，效果如图 8-112 所示。

图 8-111   图 8-112

步骤 13 选择"文本"工具 字，在第一行第二列单击插入光标，拖曳光标选取需要文字，设置文字颜色的 CMYK 值为 0、100、60、0，填充文字，效果如图 8-113 所示。使用相同的方法分别选取需要的文字，并填充相同的颜色，效果如图 8-114 所示。

图 8-113   图 8-114

步骤 14 选择"表格"工具 ，在第一行第一列单击插入光标，将光标放置在表格的左上角，当光标变为 图标时，单击鼠标选取整个表格，如图 8-115 所示。在属性栏中的"轮廓宽度" 0.2mm 框中设置数值为 1mm，效果如图 8-116 所示。

图 8-115   图 8-116

步骤 15 选择"挑选"工具 ，选取表格，将其拖曳到适当的位置，效果如图 8-117 所示。按 Esc 键，取消选取状态，手机广告制作完成，效果如图 8-118 所示。

图 8-117

图 8-118

8.2.4 【相关工具】

1. 制作立体效果

立体效果是利用三维空间的立体旋转和光源照射的功能来完成的。CorelDRAW X4 中的"交互式立体化"工具 可以制作和编辑图形的三维效果。

绘制一个需要立体化的图形，如图 8-119 所示。选择"交互式立体化"工具 ，在图形上按住鼠标左键并向右上方拖曳光标，如图 8-120 所示，达到需要的立体效果后，松开鼠标左键。图形的立体化效果如图 8-121 所示。

图 8-119　　　　　　　　　　图 8-120　　　　　　　　　　图 8-121

"交互式立体化"工具 的属性栏如图 8-122 所示。各选项的含义如下。

图 8-122

"立体化类型" 选项：单击弹出下拉列表，分别选择可以出现不同的立体化效果。

"深度" 选项：可以设置图形立体化的深度。

"灭点属性" 选项：可以设置灭点的属性。

"vp 对象/vp 页面"按钮 ：可以将灭点锁定到页面上，在移动图形时灭点不能移动，立体化的图形形状会改变。

"立体的方向"按钮 ：单击此按钮，弹出旋转设置框，光标放在三维旋转设置区内会变为手形，拖曳鼠标可以在三维旋转设置区中旋转图形，页面中的立体化图形会进行相应的旋转。单击 按钮，设置区中出现"旋转值"数值框，可以精确地设置立体化图形的旋转数值。单击 按钮，恢复到设置区的默认设置。

"颜色"按钮 ▣：单击此按钮，弹出立体化图形的"颜色"设置区。在颜色设置区中有 3 种颜色设置模式，分别是"使用对象填充"模式 ▣、"使用纯色"模式 ▣ 和"使用递减的颜色"模式 ▣。

"照明"按钮 ▣：单击此按钮，弹出照明设置区，在设置区中可以为立体化图形添加光源。

"斜角修饰边"按钮 ▣：单击此按钮，弹出"斜角修饰"设置区，通过拖动面板中图例的节点来添加斜角效果，也可以在增量框中输入数值来设定斜角。勾选"只显示斜角修饰边"复选框，将只显示立体化图形的斜角修饰边。

2. 表格工具

选择"表格"工具 ▦，在绘图页面中按住鼠标左键不放，从左上角向右下角拖曳光标到需要的位置，松开鼠标左键，表格状的图形绘制完成，如图 8-123 所示。绘制的表格属性栏如图 8-124 所示。

图 8-123   图 8-124

属性栏中各选项的功能如下。

▦框：可以重新设定表格的列和行，绘制出需要的表格。

背景 ：选择和设置表格的背景色。单击"编辑填充"按钮 ▣，可弹出"均匀填充"对话框，更改背景的填充色。

边框 ▣ 0.2 mm ：用于选择并设置表格边框线的粗细、颜色。单击"轮廓笔"按钮 ▣，弹出"轮廓笔"对话框，用于设置轮廓线的属性，如线条宽度、角形状、箭头类型等。

"选项"按钮：选择是否在键入数据时自动调整单元格的大小以及在单元格间添加空格。

"段落文本换行"按钮 ▣：选择段落文本环绕对象的样式并设置偏移的距离。

"到图层前面"按钮 ▣ 和"到图层后面"按钮 ▣：将表格移动到图层的最前面或最后面。

8.2.5 【实战演练】制作演唱会广告

使用矩形工具和交互式立体工具制作包装结构图。使用透视效果命令制作包装立体效果。（最终效果参看光盘中的"Ch08 > 效果 > 制作演唱会宣传单"，见图 8-125。）

图 8-125

8.3 综合演练——制作红酒广告

使用交互式透明工具为导入的风景图片添加透明效果。使用图框精确剪裁命令将风景图片和酒瓶图片置入到背景矩形中。使用文本工具和形状工具添加并编辑宣传文字。使用矩形工具和手绘工具添加装饰图形和线条。（最终效果参看光盘中的"Ch08 > 效果 > 制作红酒广告"，见图8-126。）

图 8-126

8.4 综合演练——制作电脑促销广告

使用图框精确剪裁命令将不规则图形置入到矩形中。使用轮廓笔工具和创建轮廓线命令制作文字的多重描边。使用交互式封套工具为文字添加封套效果。使用插入符号字符命令插入特殊字符。使用艺术笔工具添加装饰图形。（最终效果参看光盘中的"Ch08 > 效果 > 制作电脑促销广告"，见图8-127。）

图 8-127

第9章 包装设计

包装代表着一个商品的品牌形象。好的包装设计可以让商品在同类产品中脱颖而出，吸引消费者的注意力并引发其购买行为。包装设计可以起到美化商品及传达商品信息的作用，更可以极大地提高商品的价值。本章以多个类别的包装为例，讲解包装的设计方法和制作技巧。

课堂学习目标

- 了解包装的概念
- 了解包装的功能和分类
- 掌握包装的设计思路和过程
- 掌握包装的制作方法和技巧

9.1 制作 MP3 包装

9.1.1 【案例分析】

本案例是为电子产品公司设计制作的 MP3 包装盒效果图。这款 MP3 的设计非常炫酷，造型简洁，可以更换彩色外壳面板，而且功能强大，还可以存放上千首的 MP3 歌曲。在包装盒的设计上要运用现代设计元素和语言表现出产品的前卫和时尚。

9.1.2 【设计理念】

在设计制作过程中，首先使用蓝紫色的渐变背景烘托出宁静放松的氛围。使用典雅现代的装饰花纹表现出产品的现代感和时尚感。使用陶醉在音乐中的女性图片，寓意 MP3 良好的音质和完美的功能特色。在画面左下角用 MP3 产品图片来表现产品的款式和颜色。最后使用文字详细介绍产品性能。整个包装元素的设计和应用和谐统一。（最终效果参看光盘中的"Ch09 > 效果 > 制作 MP3 包装"，见图 9-1。）

图 9-1

9.1.3　【操作步骤】

1.　制作包装盒正面背景图形

步骤 1 按 Ctrl+N 组合键，新建一个页面。在属性栏的"页面度量"选项中分别设置宽度为 130mm，高度为 110mm，按 Enter 键，页面尺寸显示为设置的大小。双击"矩形"工具 ▢ ，绘制一个与页面大小相等的矩形，效果如图 9-2 所示。填充图形为白色，并去除图形的轮廓线，效果如图 9-3 所示。

图 9-2　　　　　　　　　　　　图 9-3

步骤 2 选择"矩形"工具 ▢ ，在属性栏中进行设置，如图 9-4 所示。拖曳鼠标绘制一个矩形，效果如图 9-5 所示。

图 9-4　　　　　　　　　　　　图 9-5

步骤 3 选择"挑选"工具 ▨ ，按 Ctrl+Q 组合键将图形转换为曲线。选择"形状"工具 ▨ ，选取图形右下方的节点，拖曳节点两端的控制手柄调整图形的形状，如图 9-6 所示。

图 9-6

步骤 4 选择"渐变填充对话框"工具 ▨ ，弹出"渐变填充"对话框。点选"双色"单选框，将"从"选项颜色的 CMYK 值设置为 100、100、0、0，"到"选项颜色的 CMYK 值设置为 100、0、0、0，其他选项的设置如图 9-7 所示。单击"确定"按钮填充图形，并去除图形的轮廓线，效果如图 9-8 所示。

图 9-7   图 9-8

步骤 5 选择"手绘"工具 ，按住 Ctrl 键的同时，绘制一条直线，如图 9-9 所示。在"CMYK 调色板"中的"白"色块上单击鼠标右键，填充直线。

步骤 6 选择"排列 > 变换 > 位置"命令，弹出"变换"面板，选项的设置如图 9-10 所示。单击"应用"按钮，效果如图 9-11 所示。

图 9-9   图 9-10   图 9-11

步骤 7 选择"挑选"工具 ，单击选取左侧的直线。选择"交互式调和"工具 ，在两条直线之间从左至右拖曳，在属性栏中进行设置，如图 9-12 所示。按 Enter 键，效果如图 9-13 所示。

图 9-12   图 9-13

步骤 8 选择"挑选"工具 ，选取调和后的图形。按数字键盘上的+键复制一个图形，并将复制出的图形水平向右拖曳到适当的位置，效果如图 9-14 所示。

步骤 9 选择"椭圆形"工具 ，按住 Ctrl 键的同时绘制一个圆形，填充图形为白色，并去除图形的轮廓线，效果如图 9-15 所示。

<table>
<tr><td>图 9-14</td><td>图 9-15</td></tr>
</table>

步骤 10 选择"挑选"工具 🔲，按住鼠标左键将白色圆形向左下方拖曳，并在适当的位置单击鼠标右键复制图形，并调整其大小，效果如图 9-16 所示。用相同的方法复制多个白色圆形，并分别调整其大小，效果如图 9-17 所示。

<table>
<tr><td>图 9-16</td><td>图 9-17</td></tr>
</table>

2. 导入图片并编辑文字

步骤 1 选择"文件 > 导入"命令，弹出"导入"对话框。选择光盘中的"Ch09 > 素材 > 制作 MP3 包装 > 01"文件，单击"导入"按钮，在页面中单击导入图形，并调整其大小和位置，效果如图 9-18 所示。

步骤 2 选择"挑选"工具 🔲，在"CMYK 调色板"中的"白"色块上单击鼠标填充图形，效果如图 9-19 所示。

<table>
<tr><td>图 9-18</td><td>图 9-19</td></tr>
</table>

步骤 3 选择"椭圆形"工具 🔲，按住 Ctrl 键的同时，拖曳鼠标绘制圆形，效果如图 9-20 所示。填充图形为白色，并去除图形的轮廓线，效果如图 9-21 所示。

<table>
<tr><td>图 9-20</td><td>图 9-21</td></tr>
</table>

中等职业教育数字艺术类规划教材

步骤 4 选择"交互式阴影"工具 ，在图形上从上至下拖曳光标，为图形添加阴影效果。在属性栏中将阴影颜色设为白色，其他选项的设置如图 9-22 所示。按 Enter 键，效果如图 9-23 所示。

图 9-22

图 9-23

步骤 5 选择"文件 > 导入"命令，弹出"导入"对话框。选择光盘中的"Ch09 > 素材 > 制作 MP3 包装 > 02"文件，单击"导入"按钮，在页面中单击导入图形，并调整其大小。按 Ctrl+G 组合键将其群组，效果如图 9-24 所示。

步骤 6 选择"文件 > 导入"命令，弹出"导入"对话框。选择光盘中的"Ch09 > 素材 > 制作 MP3 包装 > 03"文件，单击"导入"按钮，在页面中单击导入图片，调整其位置和大小，效果如图 9-25 所示。

图 9-24

图 9-25

步骤 7 选择"挑选"工具 ，按数字键盘上的+键复制一个手机图形。单击属性栏中的"垂直镜像"按钮 ，垂直翻转图形，并将图形垂直向下拖曳到适当的位置，效果如图 9-26 所示。

步骤 8 选择"交互式透明"工具 ，鼠标的光标变为 图标，在图形上从上至下拖曳光标，为图形添加透明效果。在属性栏中进行设置，如图 9-27 所示。按 Enter 键，效果如图 9-28 所示。

图 9-26 　　　　图 9-27 　　　　图 9-28

步骤 9 选择"文本"工具 ，输入需要的文字。选择"挑选"工具 ，在属性栏中选择合适的字体并设置文字大小。选择"形状"工具 ，向左拖曳文字下方的 图标，调整文字间距，效果如图 9-29 所示。

步骤 10 选择"挑选"工具 🔍，设置文字颜色的 CMYK 值为 0、60、100、0，填充文字。按 Ctrl+Q 组合键将文字转换为曲线，效果如图 9-30 所示。选择"形状"工具 🖱️，选取需要的节点，将其垂直向下拖曳到适当的位置，如图 9-31 所示。

图 9-29　　　　　　　　　　图 9-30　　　　　　　　　　图 9-31

步骤 11 选择"文本"工具 字，输入需要的文字。选择"挑选"工具 🔍，在属性栏中选择合适的字体并设置文字大小。选择"形状"工具 🖱️，向右拖曳文字下方的 ⫿⫿ 图标，调整文字间距，效果如图 9-32 所示。用相同的方法输入需要文字并适当调整文字间距，效果如图 9-33 所示。

图 9-32　　　　　　　　　　　　　图 9-33

3. 添加并编辑文字

步骤 1 选择"文件 > 导入"命令，弹出"导入"对话框。选择光盘中的"Ch09 > 素材 > 制作 MP3 包装 > 04"文件，单击"导入"按钮，在页面中单击导入图片，调整图片大小，效果如图 9-34 所示。

步骤 2 选择"文本"工具 字，输入需要的文字。选择"挑选"工具 🔍，在属性栏中选择合适的字体并设置文字大小。选择"形状"工具 🖱️，向右拖曳文字下方的 ⫿⫿ 图标，调整文字间距，效果如图 9-35 所示。

图 9-34　　　　　　　　　　　图 9-35

步骤 3 选择"挑选"工具 🔍，选取黑色 MP3 图片，按住鼠标左键向左拖曳图形，并在适当的位置上单击鼠标右键复制一个图形，并调整其大小，效果如图 9-36 所示。用相同的方法输入需要的文字，效果如图 9-37 所示。

图 9-36　　　　　　　　　　图 9-37

步骤 4　选择"文本"工具 字，输入需要的文字。选择"挑选"工具 ，在属性栏中选择合适的字体并设置文字大小，效果如图 9-38 所示。设置文字颜色的 CMYK 值为 0、60、100、0，填充文字，效果如图 9-39 所示。用相同的方法添加其他文字，效果如图 9-40 所示。

图 9-38　　　　　　　　　图 9-39　　　　　　　　　图 9-40

步骤 5　选择"矩形"工具 ，在属性栏中将"边角圆滑度"选项均设为 20，拖曳鼠标绘制一个圆角矩形，如图 9-41 所示。填充图形为白色，并去除图形的轮廓线，效果如图 9-42 所示。

步骤 6　选择"文本"工具 字，输入需要的文字。选择"挑选"工具 ，在属性栏中选择合适的字体并设置文字大小，效果如图 9-43 所示。

图 9-41　　　　　　　　　图 9-42　　　　　　　　　图 9-43

步骤 7　选择"挑选"工具 ，设置文字颜色的 CMYK 值为 0、60、100、0，填充文字，效果如图 9-44 所示。选择"文本"工具 字，输入需要的文字。选择"挑选"工具 ，在属性栏中选择合适的字体并设置文字大小，效果如图 9-45 所示。

步骤 8　选择"形状"工具 ，向右拖曳文字下方的 图标，适当调整文字间距，并在"CMYK 调色板"中的"橘黄"色块上单击鼠标填充文字，效果如图 9-46 所示。

图 9-44　　　　　　　　　图 9-45　　　　　　　　　图 9-46

步骤 9　选择"挑选"工具 ，用圈选的方法两个文字选取。选择"效果 > 添加透视"命令，在文字的周围出现控制线和控制点，调整控制点制作透视效果，如图 9-47 所示。选择"挑选"工具 ，将圆角矩形和文字同时选取，按 Ctrl+G 组合键将其群组。按住鼠标左键水平向右拖曳群组图形，并在适当的位置上单击鼠标右键复制图形，效果如图 9-48 所示。

图 9-47　　　　　　　　　　　　　　　图 9-48

步骤 10　选择"文本"工具 ，输入需要的文字。选择"挑选"工具 ，在属性栏中选择合适的字体并设置文字大小。选择"形状"工具 ，向左拖曳文字下方的 图标，调整文字间距，如图 9-49 所示。

步骤 11　在"CMYK 调色板"中的"蓝"色块上单击鼠标，填充文字，如图 9-50 所示。用相同的方法输入其他文字，效果如图 9-51 所示。

图 9-49　　　　　　　　　　图 9-50　　　　　　　　　　图 9-51

4. 导出文件并制作展示效果图

步骤 1　MP3 包装盒平面图制作完成，效果如图 9-52 所示。选择"文件 > 导出"命令，弹出"导出"对话框。将"文件名"设置为"MP3 包装平面图"，文件格式设置为 PSD 格式，单击"确定"按钮，弹出"转换为位图"对话框，选项的设置如图 9-53 所示。单击"确定"按钮，导出文件。

步骤 2　使用 Photoshop 软件，打开刚导出的文件，制作 MP3 包装的立体效果，效果如图 9-54 所示。MP3 包装展示效果制作完成。

图 9-52　　　　　　　　　　图 9-53　　　　　　　　　　图 9-54

9.1.4 【相关工具】

在设计和制作图形的过程中，经常会使用到透视效果。下面介绍如何在 CorelDRAW X4 中制作透视效果。

打开要制作透视效果的图形，使用"挑选"工具 将图形选中，效果如图 9-55 所示。选择"效果 > 添加透视"命令，在图形的周围出现控制线和控制点，如图 9-56 所示。用光标拖曳控制点，制作需要的透视效果，在拖曳控制点时出现了透视点×，如图 9-57 所示。用光标可以拖曳透视点×，同时可以改变透视效果，如图 9-58 所示。制作好透视效果后，按空格键确定完成的效果。

| 图 9-55 | 图 9-56 | 图 9-57 | 图 9-58 |

要修改已经制作好的透视效果，需双击图形，再对已有的透视效果进行调整即可。选择"效果 > 清除透视点"命令，可以清除透视效果。

9.1.5 【实战演练】制作午后甜点包装

使用矩形工具、交互式透明工具、贝塞尔工具和高斯式模糊命令制作包装立体效果。使用网状填充工具制作包装封口线。使用文本工具添加文字。使用矩形工具、椭圆形工具、渐变填充对话框工具制作装饰图形。（最终效果参看光盘中的"Ch09 > 效果 > 制作午后甜点包装"，见图9-59。）

图 9-59

9.2 制作洗发水包装

9.2.1 【案例分析】

本案例是为生活用品生产厂商设计制作的洗发水包装效果图。这款新的洗发水以时尚简洁的造型、自然无添加的配方、柔和温润的功效为主要宣传点，在包装盒的设计上要运用简单的设计和文字展示出产品的主要功能特点。

9.2.2　【设计理念】

在设计制作过程中，首先使用银色的金属质感表现出产品优良的品质。平滑的瓶身曲线揭示出产品柔和温润的功效。使用大的标签形成包装的视觉中心，点明产品的生产厂商，起到宣传的效果。绿色宣传文字点明产品的主要特色和独特功能，与主题相呼应。（最终效果参看光盘中的"Ch09 > 效果 > 制作洗发水包装"，见图 9-60。）

图 9-60

9.2.3　【操作步骤】

1．制作洗发水瓶身

步骤 1　按 Ctrl+N 组合键，新建一个 A4 页面。单击属性栏中的"横向"按钮，页面显示为横向页面。选择"贝塞尔"工具，绘制一个图形，如图 9-61 所示。按 F11 键，弹出"渐变填充对话框"对话框，点选"自定义"单选钮，在"位置"选项中分别添加并输入 0、21、51、82、100 几个位置点，单击右下角的"其他"按钮，分别设置几个位置点颜色的 CMYK 值为 0（0、0、0、0）、21（0、0、0、20）、51（0、0、0、0）、82（0、0、0、20）、100（0、0、0、0），其他选项的设置如图 9-62 所示。单击"确定"按钮，填充图形，并去除图形的轮廓线，效果如图 9-63 所示。

图 9-61

图 9-62

图 9-63

步骤 2　选择"挑选"工具，按数字键盘上的+键复制图形，并调整其大小和位置，效果如图 9-64 所示。选择"交互式调和"工具，在两个图形上拖曳光标应用调和，在属性栏中将"步长或调和形状之间的偏移量"设为 5，按 Enter 键，效果如图 9-65 所示。

图 9-64　　　　　图 9-65

步骤 3　选择"贝塞尔"工具，绘制一个图形，如图 9-66 所示。按 F11 键，弹出"渐变填充对话框"对话框，点选"自定义"单选钮，在"位置"选项中分别添加并输入 0、23、66、

100 几个位置点,单击右下角的"其他"按钮,分别设置几个位置点颜色的 CMYK 值为 0(0、0、0、20)、23(0、0、0、5)、66(0、0、0、40)、100(0、0、0、10),其他选项的设置如图 9-67 所示。单击"确定"按钮填充图形,并去除图形的轮廓线,效果如图 9-68 所示。

图 9-66　　　　　　　　　　图 9-67　　　　　　　　　　图 9-68

步骤 4 选择"矩形"工具 ▭,绘制一个矩形,如图 9-69 所示。按 F11 键,弹出"渐变填充对话框"对话框,点选"自定义"单选钮,在"位置"选项中分别添加并输入 0、15、40、51、60、82、100 几个位置点,单击右下角的"其他"按钮,分别设置几个位置点颜色的 CMYK 值为 0(0、0、0、20)、15(0、0、0、40)、40(0、0、0、0)、51(0、0、0、0)、60(0、0、0、0)、82(0、0、0、20)、100(0、0、0、10),其他选项的设置如图 9-70 所示。单击"确定"按钮填充图形,并去除图形的轮廓线,效果如图 9-71 所示。

图 9-69　　　　　　　　　　图 9-70　　　　　　　　　　图 9-71

步骤 5 选择"挑选"工具 ▯,按数字键盘上的+键复制图形,并调整其大小和位置,效果如图 9-72 所示。选择"交互式调和"工具 ▯,在两个图形上拖曳光标应用调和,在属性栏中将"步长或调和形状之间的偏移量"设为 5,按 Enter 键,效果如图 9-73 所示。

图 9-72　　　　　　　　　　图 9-73

步骤 6 选择"矩形"工具 ▭,绘制一个矩形,如图 9-74 所示。按 F11 键,弹出"渐变填充对话框"对话框,点选"自定义"单选钮,在"位置"选项中分别添加并输入 0、15、40、51、

60、82、100 几个位置点，单击右下角的"其他"按钮，分别设置几个位置点颜色的 CMYK 值为 0（0、0、0、20）、15（0、0、0、100）、40（0、0、0、0）、51（0、0、0、0）、60（0、0、0、0）、82（0、0、0、100）、100（0、0、0、10），其他选项的设置如图 9-75 所示，单击"确定"按钮填充图形，并去除图形的轮廓线，效果如图 9-76 所示。

图 9-74　　　　　　　　　　图 9-75　　　　　　　　　　图 9-76

步骤 7 选择"矩形"工具，绘制一个矩形，如图 9-77 所示。按 F11 键，弹出"渐变填充对话框"对话框，点选"自定义"单选钮，在"位置"选项中分别添加并输入 0、52、100 几个位置点，单击右下角的"其他"按钮，分别设置几个位置点颜色的 CMYK 值为 0（0、0、0、100）、52（0、0、0、60）、100（0、0、0、100），其他选项的设置如图 9-78 所示。单击"确定"按钮填充图形，并去除图形的轮廓线，效果如图 9-79 所示。

图 9-77　　　　　　　　　　图 9-78　　　　　　　　　　图 9-79

步骤 8 选择"贝塞尔"工具，分别绘制两个图形，如图 9-80 所示。填充相同的渐变色，并去除图形的轮廓线，效果如图 9-81 所示。

图 9-80　　　　　　　　　　图 9-81

步骤 9 选择"椭圆形"工具，绘制一个椭圆形，设置图形颜色的 CMYK 值为 0、0、0、10，填充图形，并去除图形的轮廓线，效果如图 9-82 所示。选择"交互式透明"工具，在图形上由下向上拖曳光标添加透明效果，如图 9-83 所示。按 Shift+PageDown 组合键，将其置于图层后面，效果如图 9-84 所示。

图 9-82   图 9-83   图 9-84

2．添加商标和名称

步骤 1 选择"矩形"工具 ▢，绘制一个矩形，填充图形为黑色，并去除图形的轮廓线，如图 9-85 所示。选择"文本"工具 字，在页面中分别输入需要的文字。选择"挑选"工具 ▨，在属性栏中分别选取适当的字体并设置文字大小，填充文字为白色，效果如图 9-86 所示。

步骤 2 选择"挑选"工具 ▨，选取下方的文字，选择"形状"工具 ◣，向左拖曳文字下方的 ⇔ 图标调整字距，松开鼠标后，效果如图 9-87 所示。

图 9-85   图 9-86   图 9-87

步骤 3 选择"挑选"工具 ▨，按 Ctrl+Q 组合键，将文字转化为曲线，如图 9-88 所示。选择"矩形"工具 ▢，在适当的位置绘制两个矩形，如图 9-89 所示。选择"挑选"工具 ▨，按住 Shift 键的同时，将矩形和转曲后的文字同时选取，单击属性栏中的"简化"按钮 ▣，效果如图 9-90 所示。设置图形颜色的 CMYK 值为 0、0、100、0，填充图形，效果如图 9-91 所示。

图 9-88   图 9-89   图 9-90   图 9-91

步骤 4 选择"矩形"工具 ▢，绘制一个矩形，如图 9-92 所示。选择"图样填充对话框"工具 ▦，弹出"图样填充"对话框，点选"双色"单选钮，单击右侧的按钮 ，在弹出的面板中选择需要的图标，如图 9-93 所示。将"前部"颜色的 CMYK 值设为 40、0、100、0，其他选项的设置如图 9-94 所示。单击"确定"按钮，效果如图 9-95 所示。

图 9-92   图 9-93

图 9-94   图 9-95

步骤 5 选择"矩形"工具 ▣,在适当的位置绘制一个矩形,设置图形颜色的 CMYK 值为 81、35、99、4,填充图形,并填充轮廓线为白色,效果如图 9-96 所示。选择"交互式透明"工具 ▨,在属性栏中的设置如图 9-97 所示。按 Enter 键,效果如图 9-98 所示。

图 9-96   图 9-97   图 9-98

步骤 6 选择"文本"工具 字,在页面中输入需要的文字。选择"挑选"工具 ▨,在属性栏中选取适当的字体并设置文字大小,填充文字为白色,效果如图 9-99 所示。选择"形状"工具 ▨,向右拖曳文字下方的 ⟺ 图标调整字距,松开鼠标后,效果如图 9-100 所示。

图 9-99   图 9-100

步骤 7 选择"椭圆形"工具 ◯,绘制一个椭圆形,填充图形为白色,并去除图形的轮廓线,效果如图 9-101 所示。选择"挑选"工具 ，将文字和圆形同时选取，按 Ctrl+G 组合键将其群组，效果如图 9-102 所示。

图 9-101

图 9-102

3. 添加其他宣传图形和文字

步骤 1 选择"椭圆形"工具 ，按住 Ctrl 键的同时绘制一个圆形，设置图形颜色的 CMYK 值为 81、35、99、4，填充图形，并去除图形的轮廓线，效果如图 9-103 所示。选择"矩形"工具 ，在适当的位置绘制两个矩形，填充图形为白色，并去除图形的轮廓线，效果如图 9-104 所示。

步骤 2 选择"文本"工具 ，在页面中分别输入需要的文字，选择"挑选"工具 ，在属性栏中分别选取适当的字体并设置文字大小，效果如图 9-105 所示。

图 9-103　　　　　　　　图 9-104　　　　　　　　图 9-105

步骤 3 选择"挑选"工具 ，选取上方的文字，设置文字颜色的 CMYK 值为 100、0、100、0，填充文字，效果如图 9-106 所示。按住 Shift 键的同时，将需要的文字同时选取，按 Ctrl+G 组合键将其群组，如图 9-107 所示。选择"交互式变形"工具 ，属性栏中的设置如图 9-108 所示。按 Enter 键，效果如图 9-109 所示。

图 9-106

图 9-107

图 9-108

图 9-109

步骤 4　选择"挑选"工具 ，将需要的图形同时选取，按 Ctrl+G 组合键将其群组，如图 9-110 所示。选择"交互式阴影"工具 ，在图形上由中心向下拖曳光标，为图形添加阴影效果，属性栏中的设置如图 9-111 所示。按 Enter 键，效果如图 9-112 所示。

图 9-110　　　　　　　　　　　　　图 9-111　　　　　　　　　　　图 9-112

9.2.4　【相关工具】

1. 使用封套效果

打开一个要制作封套效果的图形，如图 9-113 所示。选择"交互式封套"工具 ，单击图形，图形外围显示封套的控制线和控制点，效果如图 9-114 所示。用光标拖曳上面的控制点到需要的位置，如图 9-115 所示，松开鼠标左键，可以改变图形的外形，如图 9-116 所示，选择"挑选"工具 并按 Esc 键，取消选取状态，图形的封套效果如图 9-117 所示。

图 9-113　　　　　图 9-114　　　　　图 9-115　　　　　图 9-116　　　　　图 9-117

"交互式封套"工具 的属性栏如图 9-118 所示。各选项的含义如下。

图 9-118

"预设列表" 预设... 选项：可以选择需要的预设封套效果。

"封套的直线模式"按钮 、"封套的单弧模式"按钮 、"封套的双弧模式"按钮 和"封套的非强制模式"按钮 ：可以选择不同的封套编辑模式。

"映射模式" 水平 列表框：包含 4 种映射模式，分别是"水平"模式、"原始的"模式、

"自由变形"模式和"垂直"模式。使用不同的映射模式可以使封套中的对象符合封套的形状,制作出需要的变形效果。

2. 制作阴影效果

阴影效果是经常使用的一种特效,使用"交互式阴影"工具 可以快速给图形制作阴影效果,还可以设置阴影的透明度、角度、位置、颜色和羽化程度。下面介绍如何制作阴影效果。

打开一个图形,使用"挑选"工具 选取图形,如图 9-119 所示。再选择"交互式阴影"工具 ,将鼠标光标放在图形上,按住鼠标左键并向阴影投射的方向拖曳光标,如图 9-120 所示。到需要的位置后松开鼠标左键,阴影效果如图 9-121 所示。

图 9-119　　　　　　　图 9-120　　　　　　　图 9-121

拖曳阴影控制线上的图标,可以调节阴影的透光程度。拖曳时越靠近 □ 图标,透光度越小,阴影越淡,如图 9-122 所示。拖曳时越靠近 ■ 图标,透光度越大,阴影越浓,如图 9-123 所示。

"交互式阴影"工具 的属性栏如图 9-124 所示。各选项的含义如下。

图 9-122　　　　　　　图 9-123　　　　　　　图 9-124

"预设列表"选项 预设... ▼ :选择需要的预设阴影效果。单击预设框后面的 ➕ 或 ➖ 按钮,可以添加或删除预设框中的阴影效果。

"阴影偏移"选项 x: 14.022 mm y: 6.688 mm 、阴影角度 □ 0 ➕ :可以设置阴影的偏移位置和角度。

"阴影的不透明"选项 ▽ 70 ➕ :可以设置阴影的透明度。

"阴影羽化"选项 ∅ 15 ➕ :可以设置阴影的羽化程度。

"阴影羽化方向"按钮 :可以设置阴影的羽化方向。单击此按钮可弹出"羽化方向"设置区,如图 9-125 所示。

"阴影羽化边缘"按钮 :可以设置阴影的羽化边缘模式。单击此按钮可弹出"羽化边缘"设置区,如图 9-126 所示。

"阴影淡出"、"阴影延展"选项 0 ➕ 50 ➕ :可以设置阴影的淡化和延展。

图 9-125　　　　图 9-126

"阴影颜色"选项 ■ ∨：可以改变阴影的颜色。

3．编辑轮廓图效果

轮廓图效果是由图形中向内部或者外部放射的层次效果，它由多个同心线圈组成。下面介绍如何制作轮廓图效果。

绘制一个图形，如图 9-127 所示。在图形轮廓上方的节点上单击鼠标右键，并向内拖曳光标至需要的位置，松开鼠标左键，效果如图 9-128 所示。

"交互式轮廓图"工具的属性栏，如图 9-129 所示。各选项的含义如下。

图 9-127　　　　　图 9-128　　　　　图 9-129

"预设列表"选项 预设... ∨：选择系统预设的样式。

"向内"按钮 ■、"向外"按钮 ■：使对象产生向内和向外的轮廓图。

"到中心"按钮 ■：根据设置的偏移值一直向内创建轮廓图。效果如图 9-130 所示。

"轮廓图步数"选项 3 和"轮廓图偏移"选项 4.0 mm：设置轮廓图的步数和偏移值，如图 9-131、图 9-132 所示。

"轮廓颜色"选项 ■ ∨：设定最内一圈轮廓线的颜色。

"填充色"选项 ■ ∨：设定轮廓图的颜色。

向内　　　　　　向外　　　　　　到中心

图 9-130

图 9-131　　　　　　　　　图 9-132

9.2.5 【实战演练】制作牛奶包装

使用矩形工具和渐变填充对话框工具绘制包装正面效果。使用导入命令、交互式阴影工具和图框精确剪裁命令制作包装的背景效果。使用交互式调和工具制作小标签。使用挑选工具群组包装各面图形。使用透视特效制作图片的立体效果。使用交互式透明工具制作包装的倒影。（最终效果参看光盘中的"Ch09 > 效果 > 制作牛奶包装"，见图 9-133。）

图 9-133

9.3 综合演练——制作包装盒

使用矩形工具和交互式立体化工具制作包装结构图。使用透视效果命令制作包装立体效果。（最终效果参看光盘中的"Ch09 > 效果 > 制作包装盒"，见图 9-134。）

图 9-134

9.4 综合演练——制作婴儿奶粉包装

使用矩形工具、贝塞尔工具、网状填充工具、手绘工具和交互式调和工具制作包装结构图。使用贝塞尔工具、文本工具、形状工具和交互式阴影工具制作装饰图形和文字。使用渐变填充对话框工具和矩形工具制作文字效果。使用渐变填充对话框工具、椭圆形工具和交互式透明工具制作包装展示图。（最终效果参看光盘中的"Ch09 > 效果 > 制作婴儿奶粉包装"，见图 9-135。）

图 9-135